Maitri Satashia
R. S. Pundir

Uma análise económica do algodão Bt no Médio Gujarat

Maitri Satashia
R. S. Pundir

Uma análise económica do algodão Bt no Médio Gujarat

ScienciaScripts

Imprint

Cover image: www.ingimage.com

This book is a translation from the original published under ISBN 978-620-2-31153-3.

Publisher:
Sciencia Scripts
is a trademark of
Dodo Books Indian Ocean Ltd. and OmniScriptum S.R.L publishing group

120 High Road, East Finchley, London, N2 9ED, United Kingdom
Str. Armeneasca 28/1, office 1, Chisinau MD-2012, Republic of Moldova, Europe
Managing Directors: Ieva Konstantinova, Victoria Ursu
info@omniscriptum.com

Printed at: see last page
ISBN: 978-620-8-38196-7

PREFÁCIO

Este livro é o resultado de um projeto de investigação intitulado "An Economic Analysis of *Bt*- Cotton in Middle Gujarat", realizado para cumprir os requisitos parciais para a obtenção do grau de Mestre em Ciências Agrícolas na disciplina de Economia Agrícola do primeiro autor na Universidade Agrícola de Anand, Anand, Gujarat. O objetivo do estudo era estudar a rentabilidade, a vitalidade e a viabilidade económica da cultura *do algodão Bt*, bem como examinar o custo da cultura e os rendimentos por hectare, a eficiência da utilização dos recursos, a comercialização da cultura ao nível do agricultor, as dimensões do impacto da *tecnologia Bt* através da perceção do agricultor e os constrangimentos enfrentados pelos produtores *de algodão Bt* no Médio Gujarat.

O algodão, popularmente conhecido como "ouro branco", tem sido uma importante cultura comercial não só na Índia, mas também em todos os países onde é cultivado. A Índia tem a maior área cultivada de algodão do mundo e representa 46% da área total de algodão biotecnológico plantada a nível mundial. No período de 13 anos entre 2002 e 2014, a Índia triplicou a produção de algodão de 13 milhões de fardos para 40 milhões de fardos. O algodão tem um grande mercado para as empresas de sementes *de algodão Bt*, empresas de pesticidas e fornecedores de crédito não institucionais. A Índia duplicou a sua quota de mercado na produção mundial de algodão, passando de 12% em 2002 para 25% em 2014, o que representa um quarto da produção mundial total de algodão. A comercialização do *algodão Bt* aumentou 230 vezes, passando de 50 000 hectares em 2002 para 11,6 milhões de hectares em 2014. Muitos agricultores que cultivaram esta cultura ficaram satisfeitos com o seu bom desempenho.

O impacto do *algodão Bt*, na perceção dos agricultores, traduziu-se num aumento da produção, na redução da incidência de pragas e doenças, no aumento dos rendimentos, do emprego, da educação e do nível de vida e na redução dos riscos para a saúde. Para fomentar a adoção, os organismos de desenvolvimento devem prestar mais atenção à qualidade e à quantidade de sementes *de algodão Bt* disponíveis para os agricultores, enquanto os investigadores devem prestar atenção à incorporação da resistência/tolerância à *Spodoptera* e ao crisomelídeo.

Espera-se que este livro ajude os decisores políticos, os agricultores e os extensionistas a compreender melhor os aspectos económicos da cultura *do algodão Bt*. Além disso, o livro também será útil para os estudantes e investigadores empenhados em realizar projectos de investigação sobre os vários aspectos económicos da cultura *do algodão Bt*. O livro utiliza a metodologia padrão empregue por vários investigadores na área de uma forma lúcida.

29 de abril de 2018

Maitri Satashia Dr. R. S. Pundir

Conteúdo

CAPÍTULO 1

INTRODUÇÃO

A Índia, a maior democracia do mundo, é altamente dependente da agricultura, que gera quase um quarto do seu PIB e fornece a dois terços da sua população os seus meios de sobrevivência. A Índia é uma nação de pequenos agricultores pobres em recursos, a maioria dos quais não obtém rendimentos suficientes para cobrir as suas necessidades e despesas básicas.

A agricultura desempenha um papel fundamental na economia da Índia e 54,6% da população está envolvida na agricultura e em actividades conexas *(Anonymous, 2016)*. A agricultura sustentável, em termos de segurança alimentar, emprego rural e tecnologias ambientalmente sustentáveis, como a conservação dos solos, a gestão sustentável dos recursos naturais e a proteção da biodiversidade, é essencial para um desenvolvimento rural holístico. A agricultura indiana e as actividades conexas assistiram à revolução verde, à revolução branca, à revolução amarela e à revolução azul. A Índia possui 127 regiões agro-climáticas, o que mostra a riqueza do país em termos de variabilidade climática e garante a possibilidade de cultivar vários tipos de culturas no país *(Fonte: http://www.icar.org.in)*. A área geográfica total do país é de 328,7 milhões de hectares, dos quais 139,9 milhões de hectares são área semeada líquida. O sector agrícola e afins contribuiu com cerca de 17% do PIB da Índia em 2014-15, o que indica claramente que a agricultura é a espinha dorsal da economia indiana *(Anonymous, 2016)*.

Gujarat é um Estado vibrante no sector agrícola em termos de produção bruta, produtividade por hectare, adoção de inovações e tecnologias, diversificação das culturas, introdução de novas culturas, tecnologia e gestão pós-colheita. Gujarat tem um padrão de cultivo diversificado, incluindo cereais alimentares e leguminosas, culturas de rendimento e sementes oleaginosas. As principais culturas de cereais alimentares são o trigo, o arroz, a bajara, o milho, etc., e o feijão bóer, a grama e a grama verde são as principais leguminosas cultivadas no Estado. O algodão, a rícino, o amendoim e a mostarda são as principais culturas oleaginosas do Estado, que regista resultados notáveis em termos de produção e produtividade de algodão, rícino e amendoim. O algodão é uma cultura importante do Estado, que abrangeu 3010000 hectares de área cultivada e produziu 11089000 fardos em 2014-15 *(Fonte: http://www.indiastat.com)*.

A economia de Gujarat é uma das que regista um crescimento mais rápido entre todos os Estados da Índia. Distingue-se também pelo facto de ter um crescimento agrícola mais elevado do que a média nacional. A localização geográfica de Gujarat dotou-o da linha costeira mais longa de todos os estados da Índia, facilitando o acesso ao comércio internacional. Apesar da industrialização, a maioria da população de Gujarat depende da agricultura para a sua subsistência. A produção agrícola, por sua vez, depende de muitos factores sazonais, o que resulta na variabilidade da produção. Esta incerteza na produção agrícola levou à exclusão da população rural dos benefícios da liberalização económica e do elevado crescimento do PIB na Índia. Neste cenário, torna-se imperativo tomar medidas para aumentar a produção e melhorar a produção de valor acrescentado no sector agrícola, a fim de melhorar os níveis de rendimento da população que dele depende. A promoção das exportações do sector agrícola conduzirá a uma melhoria dos rendimentos da população rural, permitindo-lhe partilhar os ganhos e os benefícios do desenvolvimento económico *(Fonte: https://www.google.co.in)*.

A biotecnologia vegetal tornou-se uma fonte de inovação agrícola, fornecendo novas soluções para problemas antigos de baixo rendimento e limitações de qualidade. No entanto, o impacto da biotecnologia é uma das questões mais vigorosamente contestadas na história recente do impacto das tecnologias na sociedade humana.

Os grandes avanços da biotecnologia tornaram possível identificar e isolar diretamente os genes, conhecer as suas funções e transferi-los de um organismo para outro. Estes desenvolvimentos, que abrangeram todas as ciências biológicas, tiveram também muitas aplicações para aumentar a produtividade das plantas, melhorar a resistência das plantas a doenças e pragas e melhorar a qualidade da produção. Passou já uma década desde a sua introdução no terreno, em meados dos anos noventa.

O algodão *(Gossypium spp.)* é uma importante cultura de fibras de importância mundial, cultivada em regiões tropicais e subtropicais de mais de setenta países em todo o mundo. A Índia é um dos principais produtores de algodão à escala mundial. O algodão, o ouro branco da Índia, o rei das fibras, é uma cultura polivalente cultivada em várias condições agro-climáticas. É cultivado principalmente pelo seu cotão, que é a fibra têxtil mais procurada devido às suas caraterísticas ecológicas e de conforto inerentes. O algodão é o principal fornecedor de matérias-primas para a indústria têxtil. O algodão proporciona meios de subsistência a mais de 60 milhões de pessoas através do seu cultivo, comércio e indústria. O algodão e os têxteis contribuem para quase um terço das exportações anuais da Índia, trazendo assim valiosas divisas para o país *(Manjunath, K., 2013)*. O algodão é uma das principais culturas comerciais e de rendimento da Índia. É cultivado em condições de sequeiro e de regadio e os principais estados produtores de algodão incluem Maharashtra, Gujarat, Andhra Pradesh, Punjab, Karnataka e Madhya Pradesh.

A produtividade do algodão na Índia é, no entanto, muito baixa. O problema das pragas no algodão é o pior de todas as culturas. A principal praga é o verme da cápsula e a maior quantidade de pesticidas de todas as culturas é aplicada para controlar as pragas do algodão - frequentemente com pouco sucesso. O cultivo do algodão tornou-se recentemente não económico em muitas partes do país devido ao elevado custo dos pesticidas e ao baixo rendimento *(Gandhi, V. P. e Namboodiri, N. V., 2006)*. Foi neste contexto, e após muita hesitação por parte do governo, que a introdução do *algodão Bt* na Índia teve lugar em 2002.

Na Índia, a introdução do *algodão Bt* para cultivo comercial é um marco tecnológico importante após o advento da revolução verde no final da década de 1960. Desde a sua introdução, a tecnologia transgrediu tamanhos e agro-ecologias, resultando em ganhos económicos significativos e transformando a paisagem da economia indiana do algodão. Os benefícios diretos do *algodão Bt* incluem a redução da utilização de insecticidas, a diminuição dos riscos agrícolas e dos custos de produção, o aumento dos rendimentos e dos lucros, o aumento das oportunidades de cultivo do algodão e uma perspetiva económica mais promissora para a indústria do algodão. Estes benefícios proporcionaram um maior retorno do trabalho e do rendimento das famílias, reduzindo assim a pobreza rural *(Ramasundaram, P., 2014)*.

Antecedentes do *algodão Bt* no mundo:

Desde a introdução das culturas transgénicas em 1996, tem-se verificado um aumento substancial da sua área. Uma das empresas multinacionais desenvolveu *o algodão Bt* (*Bacillus thuringiensis* cotton), que é atualmente uma das culturas transgénicas mais cultivadas. Atualmente, é cultivado num grande número de países, incluindo a Índia, a China, os Estados Unidos, a Austrália, a Argentina, a África do Sul e a Indonésia *(Gandhi, V. P. e Namboodiri, N. V., 2006)*.

O algodão Bt contém um gene estranho obtido de *Bacillus thuringiensis,* uma bactéria aeróbica caracterizada pela sua capacidade de produzir inclusões cristalinas durante a esporulação. Com o advento da biotecnologia, este gene bacteriano foi introduzido geneticamente nas sementes de algodão e protege as plantas dos bollworms, uma das principais pragas do algodão. Os vermes que se alimentam das folhas de uma planta de *algodão Bt* tornam-se letárgicos e sonolentos e são gradualmente eliminados *(Gandhi, V. P. e Namboodiri N. V., 2006)*.

Cenário de Área e Produção:

Cenário mundial:

A Índia, a China, os EUA, o Paquistão, o Brasil, o Uzbequistão, a Austrália, o México, o Burkina Faso, a Grécia e a Argentina são os principais países produtores de algodão.

Quadro 1.1: Área, produção e rendimento do algodão a nível mundial

(Área colhida em (000 acres), produção em (000) fardos de 480 libras e rendimento em libras por acre)

Countries	2013			2014			2015		
	Area	Production	Yield	Area	Production	Yield	Area	Production	Yield
India	**28,911**	**31,000**	**515**	**31,382**	**29,500**	**451**	**29,158**	**28,500**	**469**
China	11,861	32,750	1,325	10,873	30,000	1,324	8,525	24,300	1,368
USA	7,544	12,909	821	9,348	16,319	838	8,149	13,031	768
Pakistan	7,166	9,500	636	7,290	10,600	698	6,919	8,000	555
Brazil	2,768	8,000	1,387	2,520	7,000	1,333	2,286	6,500	1,365
Uzbekistan	3,212	4,100	613	3,175	3,900	590	3,175	3,700	559
Australia	1,077	4,100	1,827	507	2,300	2,178	704	2,400	1,636
Burkina	1,599	1,250	375	1,631	1,350	397	1,544	1,200	373
Greece	605	1,369	1,086	687	1,286	899	618	950	738

Fonte: USDA-Serviço de Agricultura Estrangeira

Em 2014-15, a Índia alcançou um marco histórico ao produzir mais algodão do que a China e tornou-se o país mais produtor de algodão do mundo (Quadro 1.1). Pela primeira vez na história da agricultura, a Índia destronou a China para ganhar a coroa do ouro branco - como o algodão é conhecido entre os pequenos agricultores nas zonas rurais da Índia e da China *(USDA, 2014; Reuters, 2014)*. Em 2006, a Índia deslocou os EUA para a terceira posição, colhendo 28 milhões de fardos - mais um milhão do que os EUA, tornando-se assim o segundo maior país produtor de algodão *(USDA, 2007)*. Nos oito anos seguintes, 2007-2014, a Índia sustentou o crescimento do algodão principalmente devido à introdução e à rápida adoção da tecnologia de *algodão Bt* de duplo gene, associada a uma hibridação em grande escala da área de algodão, ao fornecimento de sementes de boa qualidade pelo sector privado e aos esforços incansáveis de aproximadamente 8 milhões de produtores de algodão no país *(Choudhary, B. e Gaur, K., 2015)*.

Cenário indiano:

Em termos de produção, a Índia ocupa o primeiro lugar no cenário mundial, mas no que respeita à exportação, está em segundo lugar, a seguir aos EUA. A Índia tem uma área de 115,53 lakh hectares com uma produção de 375,00 lakh fardos no ano 2013-14 *(Fonte: Cotton Advisory Board).* O têxtil de algodão é uma das maiores indústrias da Índia. Proporciona meios de subsistência a 60 milhões de pessoas que dependem do cultivo, transformação, comércio e têxteis do algodão.

A Índia continua a beneficiar enormemente do *algodão Bt*. A Índia tem a maior área de algodão do mundo e representa 46% da área total de algodão biotecnológico plantada a nível mundial. Durante um período de 13 anos, de 2002 a 2014, a Índia triplicou a produção de algodão de 13 milhões de fardos para 40 milhões de fardos. Em 2014, *o algodão Bt* foi plantado em 11,6 milhões de hectares na Índia, 95% do total de 12,25 milhões de hectares de algodão na Índia. A comercialização do *algodão Bt* aumentou 230 vezes, passando de 50.000 hectares em 2002 para 11,6 milhões de hectares em 2014. A Índia duplicou a sua quota de mercado na produção mundial de algodão, passando de 12% em 2002 para 25% em 2014, o que representa um quarto da produção mundial total de algodão. Estima-se que a Índia tenha aumentado o rendimento agrícola do *algodão Bt* em 16,7 mil milhões de dólares no período de 12 anos de 2002 a 2013 e em 2,1 mil milhões de dólares só em 2013 *(Clive, J., 2014).*

Quadro 1.2: Área, produção e rendimento de algodão em toda a Índia

Year	Area (lakh hectares)	Production (lakh bales of 170 Kg each)	Yield (Kg per hectare)
2002-03	76.67	136	302
2003-04	76.30	179	399
2004-05	87.86	243	470
2005-06	86.77	241	472
2006-07	91.44	280	521
2007-08	94.14	307	554
2008-09	94.06	290	524
2009-10	103.10	305	503
2010-11	111.42	339	517
2011-12	121.78	353	493
2012-13	119.78	365	518
2013-14	115.53	375	552
CAGR 2002-2014	3.48%	8.82%	5.15%

Fonte: Conselho Consultivo do Algodão

Após a introdução do algodão *Bt* em 2002, registou-se um aumento significativo da área cultivada, da produção e da produtividade do algodão (quadro 1.2).

A área, a produção e a produtividade do algodão na Índia cresceram a uma taxa tendencial de 3%, 8% e 5%, respetivamente, de 2002 a 2014 *(Fonte: Cotton Advisory Board)*.

Quadro 1.3: Área, produção e rendimento de algodão por Estado

(Área em milhares de hectares, produção em milhares de fardos de 170 kg cada e rendimento em kg por hectare)

States	2012-13			2013-14			2014-15*		
	Area	Production	Yield	Area	Production	Yield	Area	Production	Yield
Gujarat	**2497**	**8850**	**603**	**2519**	**10150**	**685**	**3010**	**11089**	**627**
Maharashtra	4146	7655	314	4192	8834	358	4192	7500	304
Andhra Pradesh	2400	7350	521	2389	6956	495	2540	6105	421
Haryana	614	2500	692	536	2302	730	647	2300	612
Karnataka	485	1255	440	662	1875	481	750	2205	438
Punjab	480	2000	708	446	1968	750	450	1852	700
Madhya Pradesh	608	2200	615	514	1730	572	574	1750	515
Rajasthan	450	1400	529	393	1287	557	487	1500	562
Tamil Nadu	128	500	664	152	408	456	186	371	365
Odisha	119	400	571	124	299	410	127	400	544
Others	50	110	374	33	93	479	31	80	439

**De acordo com a estimativa prévia divulgada*

Fonte: Ministério da Agricultura, Governo da Índia, 2015

Gujarat, Maharashtra, Andhra Pradesh, Haryana, Karnataka, Punjab, Madhya Pradesh, Rajasthan, Tamil Nadu e Odisha são os dez estados produtores de algodão mais importantes do país, entre os quais Gujarat partilha 31,54 por cento da produção total de algodão no país no ano de 2014-15 (Quadro 1.3) *(Fonte: http://www.indiastat.com)*.

O cenário de Gujarat:

Gujarat é o maior produtor de algodão, com 31,54% da produção total a nível nacional no ano de 2014-15 *(Fonte: http://www.indiastat.com)*.

Quadro 1.4: Área, produção e rendimento do algodão em Gujarat

Year	Area ('000 hectares)	Production ('000 bales of 170 Kg each)	Yield (Kg per hectare)
2002-03	1634.8	1684.6	175
2003-04	1641	4026.9	417
2004-05	1906.3	4724.8	421
2005-06	1906	6772.0	604
2006-07	2390	8787.0	625
2007-08	2422	8276.0	581
2008-09	2353.6	7013.8	507
2009-10	2464	7986.3	551
2010-11	2633	10400	671
2011-12	2962	12000	689
2012-13	2497	8850	603
2013-14	2519	10150	685
2014-15*	**3010**	**11089**	**627**
Per cent increase in 2014-15 over 2002-03	**84.12%**	**558.25%**	**258.28%**

**De acordo com a estimativa prévia divulgada*

Fonte: Ministério da Agricultura, Governo da Índia, 2015

A área, a produção e o rendimento do algodão no Estado de Gujarat durante os últimos catorze anos são apresentados no Quadro 1.4. A área cultivada com algodão era de cerca de 1634800 hectares, a produção era de 1684600 fardos e o rendimento era de 175 kg por hectare durante o ano de 2002-03, tendo aumentado para 3010000 hectares, 11089000 fardos e 627 kg por hectare, respetivamente, durante o ano de 2014-15. Isto mostra um aumento de 84,12 por cento, 558,25 por cento e 258,28 por cento na área, produção e rendimento, respetivamente, revelando que o aumento da produção e do rendimento foi notavelmente superior ao da área *(Fonte: http://www.indiastat.com)*.

Benefícios do *algodão Bt*:

O algodão Bt tem várias vantagens em relação ao *algodão* não *Bt*. As vantagens mais importantes do algodão *Bt* são indicadas resumidamente a seguir: *(Fonte:*

https://www.google.co.in).

1) Aumenta o rendimento do algodão devido ao controlo eficaz de três tipos de bollworms, *viz*. American, Spotted e Pink bollworms.
2) Os insectos pertencentes às famílias Lepidopteron (bollworms) são sensíveis à proteína endotóxica cristalina produzida pelo gene *Bt* que, por sua vez, protege o algodão dos bollworms.
3) Redução da utilização de pesticidas na cultura do *algodão Bt*, em que os bollworms são as principais pragas.
4) Redução do custo de cultivo e diminuição dos riscos agrícolas.
5) Redução da poluição ambiental pela utilização de insecticidas raramente.
6) *O algodão Bt* apresenta resistência genética ou resistência incorporada, que é um tipo de resistência permanente e não é afetada por factores ambientais. Isto protege a cultura dos bollworms.
7) *O algodão Bt* é amigo do ambiente e não tem efeitos adversos nos parasitas, predadores, insecticidas benéficos e organismos presentes no solo.
8) Promove a multiplicação de parasitas e predadores que ajudam a controlar os bollworms, alimentando-se das larvas e dos ovos do bollworm.
9) Ausência de riscos para a saúde devido à utilização rara de insecticidas (em especial para quem se dedica à pulverização de insecticidas).
10) A maturação *do algodão Bt* é mais precoce do que a do *algodão não Bt*.

Limitações contra o *algodão Bt*:

O algodão Bt tem várias vantagens, mas também tem algumas limitações, que são apresentadas a seguir: *(Fonte:* https://www.google.co.in).

1) Custo elevado das sementes *de algodão Bt* em comparação com as sementes de algodão não *Bt*.
2) A eficácia do gene *Bt* é limitada até 120 dias, após o que a eficiência de produção de toxinas do gene *Bt* diminui drasticamente.
3) Efeito adverso nas empresas produtoras de insecticidas devido à redução da utilização de pesticidas.
4) Efeito adverso no emprego das pessoas que trabalham nas indústrias de pesticidas.
5) Ineficaz contra pragas sugadoras como afídeos, jassídeos, mosca branca, tripes, etc.
6) Potenciais práticas incorrectas de adulteração, como a mistura de sementes de baixo

custo de *algodão* não *Bt* com sementes *de* alto custo de *algodão Bt*. A venda desta mistura pode afetar a produção de algodão.

1.1 Justificação do problema:

A ideia básica subjacente à seleção deste tópico era analisar o custo de cultivo e os rendimentos por hectare da cultura de *algodão Bt*, a eficiência da utilização dos recursos, os custos de comercialização e as limitações de comercialização.

Este estudo fornece informações valiosas sobre as caraterísticas pessoais e económicas da cultura do algodão *Bt* no Médio Gujarat. A informação sobre o custo de cultivo será útil para os decisores políticos na formação de políticas de preços adequadas para os agricultores. O agricultor tem de utilizar todos os recursos de produção de forma equilibrada e racionalizada, para o que é necessário conhecer a produtividade dos factores de produção importantes utilizados na cultura do *algodão Bt*.

Os custos e as margens de comercialização assumem especial importância num país predominantemente agrícola como a Índia, onde a política de preços agrícolas tem por objetivo salvaguardar os interesses tanto dos agricultores (produtores) como dos consumidores. A comercialização desempenha um papel importante para qualquer produto de base. Quando os agricultores cultivam esta cultura principalmente para o mercado, estarão interessados em saber se a cultura será rentável ou não, a que preço a produção será vendida. É uma fase importante em que o produtor converte o seu trabalho árduo e outros factores de produção utilizados em dinheiro e é nesta fase que estará em posição de descobrir se o seu investimento nas empresas é compensador ou não.

Os resultados do estudo são importantes para a afetação de recursos na cultura do algodão *Bt*- para minimizar os custos e aumentar os rendimentos líquidos e serão úteis em maior medida no planeamento económico da sua produção.

Ao contrário do que acontece com outras culturas, *o algodão Bt* parece ter atraído a atenção de decisores políticos, investigadores, agricultores e comerciantes. As vantagens esperadas do *algodão Bt*, de diferentes perspectivas, incluindo a económica, parecem estar a mudar e, por conseguinte, exigem estudos mais frequentes em todas as regiões. Além disso, até à data, foram realizados muito poucos estudos sobre a economia do *algodão Bt*. Um estudo pormenorizado a este respeito ajudaria os agricultores a ter um conhecimento prévio da rentabilidade do cultivo *do algodão Bt*. A informação sobre os custos de cultivo/produção e sobre a eficiência da utilização dos recursos será útil para o governo conceber políticas adequadas para os produtores de algodão Bt. Será igualmente útil para as instituições de crédito decidirem a escala de financiamento dos empréstimos à cultura e o calendário de reembolso.

Tendo isto em conta, o presente estudo, intitulado **"An Economic Analysis of *Bt-Cotton* in Middle Gujarat"**, foi realizado com os seguintes objectivos específicos

1.2 Objectivos:

1) Estudar os custos de cultivo e os rendimentos por hectare da cultura do *algodão Bt*

2) Estudar a eficiência da utilização dos recursos da cultura *do algodão Bt*

3) Estudar a comercialização da cultura de *algodão Bt* a nível dos agricultores

4) Analisar as dimensões do impacto da *tecnologia Bt* através da perceção do agricultor

5) Estudar os condicionalismos enfrentados pelos produtores *de algodão Bt*

CAPÍTULO 2

REVISÃO DA LITERATURA

Uma revisão exaustiva da literatura é importante para uma melhor compreensão do conceito definido, da conceção da investigação e do método de análise utilizado em qualquer projeto de investigação. Tentou-se aqui fazer uma breve revisão da literatura específica e pertinente, que tem uma relação direta ou indireta com os objectivos estipulados para o presente estudo. Assim, a literatura relevante foi revista e apresentada por ordem cronológica nos seguintes subtítulos:

1) Custos e rendimentos do cultivo/produção da cultura.

2) Eficiência na utilização de recursos no cultivo de culturas.

3) Custos e eficácia da comercialização.

4) Impacto da *tecnologia Bt* através da perceção do agricultor.

5) Constrangimentos enfrentados pelos produtores *de algodão Bt*.

2.1 Custos e rendimentos do cultivo da cultura:

Marothia (1974) avaliou a economia comparativa do algodão e de culturas concorrentes em Madhya Pradesh e estimou que o custo de cultivo por hectare de variedades de alto rendimento de algodão, amendoim, milho e jowar era de Rs 963,46, Rs 871,96, Rs 579,44 e Rs 355,70, respetivamente. Os rendimentos líquidos foram de Rs 2786,94, Rs 2228,04, Rs 1222,56 e Rs 851,80, por esta ordem. A análise revelou ainda que os rendimentos líquidos adicionais mais elevados provinham do algodão, em comparação com o jowar, o milho e o amendoim, por esta ordem. O estudo sugeriu que uma mudança de outras culturas para o cultivo do algodão seria mais rentável em termos de rendimentos brutos e líquidos. O estudo também revelou que a terra e os recursos agrícolas que estimulam o crescimento podem ser transferidos especialmente do jowar e do milho para a cultura do algodão.

Naik (2001) avaliou as potenciais vantagens económicas do *algodão Bt* na Índia. Os resultados revelaram que houve um aumento de 78,8% no valor devido ao rendimento e uma redução de 14,7% no custo dos pesticidas resultante da adoção do *algodão Bt* em comparação com o algodão não *Bt*. Quando comparado com as práticas prevalecentes do agricultor, o benefício do cultivo *Bt* aumentou para 110 por cento. Apesar do custo adicional das sementes *Bt*, os agricultores obtiveram mais de 70% de benefícios. Além disso, a redução das despesas com pesticidas compensou substancialmente o aumento do custo das sementes ou da tecnologia. Por conseguinte, o custo total da cultura do *algodão Bt* não aumentaria, o que permitiria a adoção desta tecnologia mesmo pelos pequenos agricultores.

Chakraborty *et al.* (2002) calcularam a eficiência técnica dos produtores de algodão utilizando abordagens estocásticas e não estocásticas da função de produção e estudaram que as explorações de algodão irrigado eram 80% e as explorações não irrigadas 70% eficientes. Os resultados mostraram que, no Texas, as explorações de regadio podiam, em média, reduzir as suas despesas com outros factores de produção em 10% e as explorações de sequeiro podiam reduzir as suas despesas com maquinaria e mão de obra em 12% e 13%, respetivamente, enquanto produziam o mesmo nível de produção.

Huang *et al.* (2002) estudaram os benefícios, custos e impactos do *algodão Bt* na China, entre 1999 e 2001, e revelaram que os custos dos factores de produção e das sementes eram sempre mais elevados para as variedades *de algodão Bt* do que para as variedades não *Bt*. No entanto, esta diferença foi compensada por uma redução muito maior das despesas com pesticidas e mão de obra, porque os agricultores *de algodão Bt* não tinham de passar tanto tempo a pulverizar pesticidas. O custo total por hectare da produção de *algodão Bt* foi muito inferior ao do algodão não *Bt* em 1999 e 2001, mas ligeiramente superior em 2000, principalmente devido ao aumento dos fertilizantes. As receitas da produção de *algodão Bt* foram superiores às do algodão não *Bt*, devido a rendimentos mais elevados no caso do *algodão Bt*, partindo do princípio de que os preços do algodão *Bt* e do algodão não *Bt* são idênticos. Após dedução dos custos totais de produção das receitas da produção, o rendimento líquido da produção de variedades *de algodão Bt* foi superior ao das variedades não *Bt*.

Orphal (2005), num estudo sobre a análise comparativa da economia da produção de algodão *Bt* e não *Bt* em Karnataka durante o ano 2002-03, observou que o custo da mão de obra e dos fertilizantes era a principal despesa na produção *não* Bt, enquanto que no *algodão Bt*, para além da mão de obra, as sementes se tornaram um fator de custo importante. Apesar de os rendimentos do *algodão Bt* serem mais elevados em condições de regadio, as diferenças nas margens brutas não eram significativas. As margens brutas do *algodão Bt* foram, em média, mais elevadas no regadio. A vantagem do *algodão Bt* em termos de produtividade, que existia no regadio, foi compensada por custos de produção mais elevados e, sobretudo, por preços mais baixos do produto.

Bennett *et al.* (2006) estudaram o desempenho económico do algodão geneticamente modificado a nível das explorações agrícolas em Maharashtra durante o ano de 2002-03 e concluíram que, comparando os custos e os rendimentos do cultivo de variedades de algodão *Bt* e não *Bt* nas duas épocas, as parcelas *não* Bt eram maiores do que as parcelas *Bt*, mas os rendimentos (quintal por acre) do *algodão Bt* eram significativamente mais elevados (em média 45% na primeira época e 63% na segunda época). Isto apesar de o tipo de solo e a irrigação serem praticamente os mesmos para os diferentes tipos. As despesas com sementes das parcelas *Bt* foram três vezes superiores às das parcelas não *Bt*, o que reflecte o custo relativamente elevado das sementes *de algodão Bt*. Na primeira época, o preço por unidade de algodão vendido pelos produtores para o algodão *Bt* (mais baixo) é ligeiramente diferente do preço para o algodão não *Bt*. Tal pode dever-se ao facto de, na primeira campanha, ter havido alguma incerteza quanto à aceitação da variedade *Bt* em algumas zonas, o que se reflectiu num preço ligeiramente inferior. O rendimento do *algodão Bt* é significativamente mais elevado em ambas as épocas, devido aos maiores rendimentos geralmente obtidos nas parcelas *Bt*. As margens brutas são 50% ou mais elevadas para as variedades de algodão *Bt*, devido aos rendimentos mais elevados das parcelas *Bt*, uma vez que quaisquer poupanças nos custos dos pesticidas contra o bollworm são anuladas pelas sementes *Bt*, mais caras.

Gandhi & Namboodiri (2006) estudaram a adoção e a economia do *algodão Bt* e revelaram que os agricultores vêem vantagens no *algodão Bt* na incidência de pragas, no custo dos pesticidas, na qualidade do algodão, no rendimento e no lucro. Quase todos os agricultores indicaram que planeiam semear *algodão Bt* no futuro. Para aumentar os benefícios da tecnologia, os agricultores sentiram fortemente a necessidade de redução do custo das sementes, maior extensão de campo e trabalho de demonstração sobre as práticas corretas, e mais variedades de *algodão Bt* para se adequarem aos diversos cenários agro-ecológicos.

Narayanamoorthy e Kalamkar (2006) analisaram os aspectos económicos do algodão *Bt* e não *Bt* em Maharashtra durante o ano de 2003 e estimaram que o lucro obtido com a *cultura do algodão Bt* era substancialmente superior ao da cultura do algodão não *Bt*. Enquanto o lucro médio dos dois distritos foi de cerca de 31 880 rupias por hectare para o *algodão Bt*, foi apenas de cerca de 17 790 rupias por hectare para a cultura de algodão não *Bt*, o que indica uma diferença de cerca de 14 090 rupias por hectare. O lucro obtido pelos produtores de algodão *Bt* foi quase 80% superior ao dos cultivadores de algodão não *Bt*. Embora a tendência semelhante tenha sido observada em ambas as variedades de algodão *Bt*, o lucro foi maior com a variedade MECH 162 (Rs 34.560 por hectare) em comparação com a

MECH 184 (Rs 30.173 por hectare). Este facto deve-se principalmente à produtividade relativamente mais elevada obtida pelos agricultores que cultivam a variedade MECH 162. Além disso, os agricultores da amostra receberam quase o mesmo preço pelas variedades de algodão *Bt* e não *Bt*. Os lucros mais elevados do cultivo do algodão *Bt* devem-se principalmente à sua maior produtividade e não a um preço de produção mais elevado. De um modo geral, a análise dos rendimentos e das despesas sugeriu que o lucro dos cultivadores *de algodão Bt* era substancialmente mais elevado do que o dos cultivadores de algodão não *Bt*.

Qaim *et al.* (2006) analisaram os impactos económicos da tecnologia *Bt* na Índia durante o ano de 2003 e revelaram que o algodão *Bt* foi pulverizado 2,6 vezes menos frequentemente contra as pragas de insectos do que o algodão convencional. A pulverização não foi completamente abandonada, porque a toxina codificada pelo gene *Bt* não conferia resistência a pragas sugadoras e a sua proteção contra certas espécies de bollworms era também inferior a 100%. As quantidades de inseticida nas parcelas *Bt* foram reduzidas em 50%. As poupanças não compensaram totalmente os custos mais elevados das sementes: as sementes oficiais *Bt* custavam mais do triplo do preço das híbridas convencionais. Os custos totais de produção por acre foram mais elevados com o algodão *Bt*. Os que adoptaram *o algodão Bt* tiveram rendimentos mais elevados, com uma diferença média de 34%. Os rendimentos médios mais elevados e os ganhos de rendimento associados foram superiores aos aumentos de custos. Revelaram ainda que, em média, as receitas líquidas por hectare do *algodão Bt* eram 2 161 rupias (equivalente a 45 dólares americanos) superiores às do algodão convencional.

Visawadia *et al.* (2006) efectuaram uma análise comparativa da produção e comercialização de algodão *Bt* e híbrido na região de Saurashtra, em Gujarat, e concluíram que o custo total por hectare era mais elevado no *algodão Bt* do que no algodão híbrido. O custo das sementes foi mais elevado no caso do *algodão Bt*, enquanto os produtores de algodão híbrido incorreram em custos mais elevados com insecticidas/pesticidas. Este facto demonstra a eficácia do *algodão Bt* em termos de resistência aos insectos. *O algodão Bt* foi considerado uma tecnologia superior ao algodão híbrido, uma vez que permite um rendimento mais elevado e tem um baixo custo de produção.

Shah (2007) estudou os retornos do algodão *Bt* em relação às variedades tradicionais de algodão em Gujarat durante o ano de 2005 e concluiu que o custo total de cultivo da variedade *Bt* aprovada (G) era 18% superior ao do algodão não *Bt*, mas o custo unitário de produção era inferior no primeiro caso. Os cultivadores *de algodão Bt* (G) obtiveram um rendimento líquido de 40675 rupias por hectare, contra 21880 rupias por hectare para o algodão não *Bt*. O rendimento do *algodão Bt* aprovado (G) foi de 36,34 quintais por hectare, 45% superior ao das variedades de algodão não *Bt*. O estudo confirmou os benefícios económicos consideráveis e a superioridade do *algodão Bt* em relação ao algodão não *Bt* em Gujarat.

Singh e Kaushik (2007), num estudo que analisou o cenário atual e as perspectivas futuras do *algodão Bt* na Índia, revelaram que se verifica um aumento de cerca de 25 a 30 por cento do rendimento e uma redução de cerca de 60 por cento da utilização de pesticidas no *algodão Bt*, em comparação com o algodão não *Bt*. A menor utilização de insecticidas reduziu os problemas de poluição ambiental, de poluição do solo e da água e de resíduos nos produtos, contribuindo para a proteção dos insectos amigos, o que, por sua vez, contribui para uma melhor gestão dos insectos-praga. Uma melhor gestão dos bollworms também reduz a quantidade de kapas estragados, para além de reduzir os resíduos de pesticidas no fiapo. Este facto pode ajudar o agricultor a obter um melhor preço do seu produto no mercado. *O algodão Bt* tornou-se, portanto, uma alternativa sustentável atractiva para os produtores de algodão.

Singh e Singh (2007) estudaram a avaliação económica das tecnologias de gestão de pragas para a produção sustentável de algodão no Punjab durante o ano de 2004-05 e referiram que os que adoptaram a tecnologia IPM obtiveram um rendimento significativamente mais elevado do que os que não a adoptaram. Estas tecnologias foram consideradas rentáveis devido ao aumento da produção e à redução dos custos de produção por quintal em 253 rupias e 175 rupias, respetivamente. Verificou-se que estas tecnologias geram mais rendimentos e emprego, uma vez que os que as adoptam podem ganhar mais 6 840 rupias por hectare e 5 901 rupias por hectare do que os que não as adoptam no algodão.

Loganathan *et al.* (2009), num estudo sobre o impacto da produtividade e da rendibilidade das culturas geneticamente modificadas em Tamil Nadu durante o ano de 2004-05, observaram que a redução do número de pulverizações de pesticidas no algodão *Bt* era suscetível de trazer muitos benefícios ambientais e de saúde tanto para os agricultores como para os trabalhadores. No entanto, o custo elevado das sementes e a incidência de pragas e doenças, para além do bicho-da-seda, foram considerados os principais obstáculos à cultura do *algodão Bt*.

Rao e Dev (2009) estudaram o impacto socioeconómico do algodão transgénico em Andhra Pradesh durante o ano de 2004-05. O estudo revelou que a tecnologia do *algodão Bt* era superior à dos híbridos de algodão convencionais, tanto em termos de rendimento como de rendimento líquido. Os agricultores *Bt* de todas as categorias de dimensão, zonas agro-climáticas e grupos sociais beneficiaram substancialmente do seu cultivo, em comparação com os agricultores *não* Bt das mesmas categorias.

Mal *et al.* (2010) estudaram a rentabilidade económica e a adoção do algodão *Bt* e do algodão *não* Bt no Norte da Índia durante o ano agrícola de 2007-08 e revelaram que, no caso do *algodão Bt*, os custos aumentaram principalmente em sementes, fertilizantes, irrigação e colheita, que, em conjunto, ascenderam a Rs 3076,69 por acre. Por outro lado, os agricultores reduziram o custo do inseticida, que representou cerca de 26% do aumento total dos custos do *algodão Bt*. No entanto, os agricultores que cultivam algodão Bt tiveram um rendimento mais elevado, pelo que obtiveram um rendimento cerca de 50% superior ao do algodão não *Bt*. Assim, com o *algodão Bt*, os agricultores obtiveram um rendimento líquido mais elevado, *ou seja*, 5275,20 Rs por acre. Concluíram também que os agricultores do Punjab eram mais propensos a adotar *o algodão Bt* do que os outros agricultores do Norte da Índia.

Subramanian e Qaim (2010) analisaram o impacto do *algodão Bt* nas famílias pobres da Índia rural no ano 2003-04 e revelaram que o rendimento total das famílias era 82% mais elevado com o algodão *Bt* do que com o algodão convencional. Isto implica um ganho notável no bem-estar económico global através da adoção da tecnologia *Bt* ao nível da aldeia. Para as famílias sem terra, os efeitos foram relativamente pequenos. Especialmente os agregados familiares sem terra mais pobres obtinham a maior parte do seu rendimento através do emprego como trabalhadores agrícolas contratados, e o maior emprego de trabalhadoras no *algodão Bt* foi quase compensado pelo menor emprego de trabalhadores masculinos. No entanto, todos os tipos de agregados familiares agrícolas, incluindo os que se encontram abaixo do limiar de pobreza, beneficiaram consideravelmente do algodão *Bt* do que do algodão convencional. Curiosamente, as famílias de agricultores vulneráveis foram as principais beneficiárias, com ganhos de rendimento da ordem dos 134%.

Um estudo realizado por **Anonymous (2011)** sobre a avaliação do impacto socioeconómico do *algodão Bt* na Índia revelou que os rendimentos líquidos por hectare resultantes da análise do custo de cultivo (capital de exploração total) do algodão eram positivos em todas as regiões. A rendibilidade líquida média do *algodão Bt* a nível de toda a Índia foi de 65307,82 Rs por hectare, sendo neutra em termos de escala em todas as classes de dimensão das explorações. Além disso, verificou-se que o rendimento total e o rendimento líquido do *algodão Bt* eram muito superiores aos rendimentos provenientes de outras fontes não agrícolas. Verificou-se também que o custo médio por hectare do cultivo aumentou 67,68% no período pós-algodão Bt (2002-2009), em comparação com o período pré-algodão Bt (1996-2001). Os altos custos do *algodão Bt* foram devidos principalmente ao trabalho humano (52,69% do custo total) para plantio, capina e colheita, seguido pelo custo de fertilizantes (10,84%), sementes (9,61%) e mecanização (8,86%). O retorno líquido médio por hectare também aumentou significativamente do período pré para o pós-algodão *Bt* em 375%. Essa mudança foi muito maior do que o aumento dos custos do cultivo *do algodão Bt.* A variação percentual do valor da produção e da rendibilidade líquida por hectare entre o período pré e pós-algodão *Bt* foi suficientemente elevada para compensar o aumento do custo por hectare do cultivo do *algodão Bt* nos principais Estados produtores da Índia. Este facto demonstrou que, apesar dos elevados custos de cultivo, os agricultores estavam a retirar maiores benefícios do cultivo do *algodão Bt.*

Gamanagatti (2011) estudou a economia do cultivo *do algodão Bt* em Karnataka durante o ano de 2010-11 e constatou que o custo variável total do algodão *Bt* foi de Rs 22192,15, sendo que os grandes agricultores incorreram no custo mais elevado*, ou seja,* Rs 23256,85. O custo total do *algodão Bt* foi de Rs 30920,56, sendo mais elevado no caso dos grandes agricultores (Rs 32723,9). O retorno líquido do *algodão Bt* foi de Rs 79456,36. O rendimento por hectare foi de 24,98 quintais e os agricultores médios obtiveram rendimentos elevados, ou seja, 25,54 quintais. A tecnologia *do algodão Bt* tem um impacto positivo no estatuto socioeconómico dos agricultores, através do aumento do rendimento e da redução dos custos dos factores de produção, aumentando assim o rendimento e o nível de vida.

Kiresur e Ichangi (2011) estudaram o impacto socioeconómico do *algodão Bt* em Karnataka durante o ano de 2007-08 e referiram que, em média, a área cultivada *com algodão Bt* era de 2,21 hectares, representando 66% do total da propriedade. Com um rendimento de 24 quintais por hectare, *o algodão Bt* registou um rendimento 31% mais elevado e um rendimento líquido 151% mais elevado do que o *algodão* não *Bt*, sendo o benefício líquido adicional de Rs 18429 por hectare. Os produtores de algodão *não* Bt utilizaram excessivamente adubos químicos, estrume orgânico e mão de obra, o que resultou em rendimentos líquidos inferiores. O estudo concluiu que a tecnologia foi a principal contribuição para a diferença de produtividade total entre os algodões *Bt* e *não-Bt.*

Maharana *et al.* (2011) realizaram uma avaliação comparativa do cultivo de *algodão*

Bt e não *Bt* na subsistência dos agricultores em Andhra Pradesh e revelaram que o cultivo de *algodão Bt* teve um impacto positivo significativo nos rendimentos médios e no desempenho económico dos produtores de algodão, em vez dos produtores de algodão não *Bt*. No que respeita à utilização de pesticidas, cerca de três quartos dos produtores de algodão não *Bt* optaram por doses elevadas (78,15%) de pesticidas, em comparação com os produtores de *algodão Bt* (42,5%).

Reddy *et al.* (2011) realizaram um estudo sobre o impacto socioeconómico do *algodão Bt* em Andhra Pradesh durante o ano de 1998-2008 e referiram que a introdução do *algodão Bt* reduziu o número de pulverizações no algodão de 8,9 para 4,6 e a percentagem de proteção fitossanitária de 32,16 para 11,84 por cento nos custos totais. O aumento da produtividade foi significativo, com mais 51,16% de rendimento com a introdução do *algodão Bt*. O aumento percentual dos rendimentos líquidos foi de 291, o que resultou num alívio das dívidas e num aumento das despesas com a educação, a saúde e as funções sociais. O tempo passado no campo foi reduzido. Isto fez com que os agricultores sentissem uma vida melhor após a introdução da tecnologia *Bt*.

Yatnalli e Huggi (2011) analisaram a rendibilidade e o seu impacto no *algodão Bt* e no algodão não *Bt* e referiram que o lucro obtido pelo produtor *Bt* é, em média, 49851,24 por hectare superior ao dos produtores de algodão não *Bt*. A rentabilidade do *algodão Bt* foi diretamente influenciada pelos custos de cultivo. Registou-se uma redução substancial da utilização de pesticidas e do custo do *algodão Bt*.

Ashok *et al.* (2012) analisaram o impacto económico e ambiental do *algodão Bt* na Índia durante o ano de 2007-08 e revelaram que, a nível de toda a Índia, o custo do cultivo de *algodão não* Bt era de 23 411 rupias por hectare e o custo do cultivo de *algodão Bt* era de 28 481 rupias. O custo de cultivo do *algodão Bt* variava muito, indo de 15 483 rupias por hectare em Maharashtra a 37 435 rupias por hectare em Tamil Nadu. Em Maharashtra, o custo de cultivo era comparativamente baixo, tanto para o algodão *Bt* como para o algodão não *Bt*. Além disso, a rendibilidade por hectare do *algodão Bt* foi mais elevada em Gujarat (37 462 rupias por hectare), seguindo-se Tamil Nadu (20 762 rupias), Andhra Pradesh (18 274 rupias) e Maharashtra (9146 rupias). A rendibilidade média da *Bt* a nível de toda a Índia foi de 21 411 Rs por hectare. As diferenças de rendibilidade entre as culturas *Bt* e não *Bt* foram significativas ao nível de um por cento em todos os Estados. A rendibilidade foi relativamente muito baixa em Maharashtra, em comparação com outros Estados.

Kathage e Qaim (2012) estudaram os impactos económicos e a dinâmica do impacto do *algodão Bt* na Índia entre 2002 e 2008 e concluíram que *o Bt* provocou um aumento de 24% no rendimento do algodão e um ganho de 50% no lucro do algodão entre os pequenos agricultores devido à redução dos danos causados por pragas. Estes benefícios são estáveis, havendo mesmo indicações de que aumentaram ao longo do tempo. Além disso, a adoção do algodão *Bt* aumentou as despesas de consumo, uma medida comum do nível de vida das famílias, em 18% durante o período 2006-2008. O algodão *Bt* gerou benefícios consideráveis e sustentáveis, contribuindo para um desenvolvimento económico e social positivo na Índia.

Kotwal e Leua (2012), num estudo sobre a economia e a eficiência da utilização de recursos do algodão *Bt* no Sul de Gujarat durante o ano de 2010-11, concluíram que o custo total médio (Custo C2) por hectare de algodão foi de Rs 60425 para o *algodão Bt* e Rs 54371 para o algodão não Bt, o que foi 11,14% mais elevado no algodão *Bt* do que no algodão não *Bt*. O rendimento líquido por hectare do cultivo do *algodão Bt* foi de 54461 rupias, enquanto o do algodão não *Bt* foi de apenas 19850 rupias, ou seja, 174% mais elevado no caso do *algodão Bt*. No que respeita à produção, o *algodão Bt* aumentou a produção através de uma alteração do rendimento do algodão em cerca de 59%.

Thakor (2012) estudou a análise económica da produção e comercialização do *algodão Bt* em Gujarat durante o ano de 2010-11 e referiu que o custo total de produção (Custo-C2) por hectare, incluindo juros sobre o capital de exploração, rendimentos fundiários, encargos de depreciação, valor imputado da mão de obra familiar e custos de comercialização, era mais elevado para o *algodão* não *Bt* (Rs 39304) do que para o *algodão Bt* (Rs 36675). Este facto deve-se, em grande parte, às despesas mais elevadas com um maior número de pulverizações de pesticidas. Os agricultores *Bt* obtiveram um rendimento bruto mais elevado (Rs 67284 por hectare) do que os agricultores não *Bt* (Rs 51493 por hectare) e, em ambos os casos, à medida que a dimensão da exploração aumentava, o rendimento bruto também aumentava. Os retornos líquidos sobre o Custo-C2 foram muito mais elevados com a produção de *algodão Bt* (Rs 30618 por hectare) do que com a produção de *algodão não Bt* (Rs 12189 por hectare), o que representa um aumento de 151%. Em todas as categorias de dimensão das explorações, os rendimentos líquidos por hectare variaram entre 30014 e 31015 rupias para o *algodão Bt* e 11797 e 12912 rupias para o algodão não *Bt*. A maior rentabilidade do algodão *Bt* também se reflectiu em termos de relação custo-benefício (1,83 no *algodão Bt* contra 1,31 no algodão não *Bt*).

Mayee e Chaudhary (2013), num estudo sobre o cultivo de *algodão Bt* na Índia durante o ano de 2011, observaram que houve um aumento substancial no rendimento líquido dos agricultores *de algodão Bt*. A economia global do cultivo do *algodão Bt* foi favorável aos produtores de algodão. A nível nacional, foi registado um rendimento líquido médio de 41 837 rupias por hectare, o mais elevado em Punjab (53 139 rupias), seguido de Andhra Pradesh (39 786 rupias) e Maharashtra (32 885 rupias). Ironicamente, Maharashtra registou o custo de cultivo mais elevado, enquanto o rendimento foi mais elevado em Punjab e Andhra Pradesh.

Pavithra e Kunnal (2013) estimaram o desempenho da cultura do algodão em áreas não tradicionais de Karnataka durante os anos de 1997-98 a 2009-10 e revelaram que o crescimento da área foi negativo nos três distritos estudados, exceto no distrito de Mysore, que observou uma taxa de crescimento positiva mas não significativa (18,92%). As taxas de crescimento da produção da cultura do algodão foram positivas, embora não significativas, nos distritos de Davanagere (4,16%) e Mysore (10,67%). Além disso, os distritos de Chamarajanagar (-27,66%) e Shivamogga (-14,21%) registaram taxas de crescimento negativas e significativas. A produção de algodão nos distritos de Chamarajanagar (-4,62%) e Mysore (-6,94%) registou uma taxa de crescimento negativa, enquanto os distritos de Davanagere (7,57%) e Shivamogga (1,76%) apresentaram uma taxa de crescimento positiva. Surpreendentemente, em todos os quatro distritos, o crescimento do rendimento foi considerado não significativo. O custo de cultivo do *algodão Bt* foi mais elevado nas grandes explorações (Rs 39047 por hectare), seguidas das pequenas explorações (Rs 34787 por hectare). Os rendimentos líquidos também foram elevados nas grandes explorações (76551 rupias por hectare), em comparação com as pequenas explorações (54736 rupias por hectare), devido aos níveis de rendimento mais elevados nas grandes explorações.

Nagaraja *et al.* (2014) estudaram a avaliação do *algodão Bt* com a variedade de algodão híbrido local em Karnataka durante o ano de 2009-10 e revelaram que existia uma atitude favorável em relação ao *algodão Bt* do que ao algodão híbrido até há pouco tempo. O pessoal considerou que as sementes *de algodão Bt* são mais caras do que a capacidade dos pequenos agricultores e dos agricultores marginais e que estes necessitavam de formação em IPM e INM antes do início da estação. Os agricultores da zona de Haveri *obtiveram* mais rendimento com o algodão *Bt* do que com o algodão híbrido. Os agricultores enfrentaram grandes constrangimentos, tais como o elevado custo das sementes de algodão *Bt*, a elevada incidência de pragas e doenças, para além do bollworm, o que, por sua vez, levou a um menor rendimento e a um baixo preço de mercado.

Ramasundaram *et al.* (2014) estudaram os ganhos de bem-estar decorrentes da aplicação da biotecnologia de primeira geração na agricultura indiana e referiram que a adoção do *algodão Bt* aumentou os níveis de rendimento e gerou ganhos substanciais devido a rendimentos mais elevados e a custos mais baixos de proteção das plantas. Durante o período 2002-15, o benefício total foi estimado em 220 mil milhões de rúpias, cabendo 85% aos produtores e 15% às empresas privadas de sementes ou às empresas de comercialização. Verificou-se que os ganhos em termos de bem-estar variam consoante os Estados, dependendo do grau de penetração da tecnologia *Bt* e do desempenho agronómico da cultura.

Haque *et al.* (2015) analisaram a avaliação do impacto socioeconómico do *algodão Bt* na Índia durante o ano agrícola de 2010-11 e concluíram que o custo médio por hectare do cultivo no país aumentou cerca de 68% no período pós-algodão *Bt*, enquanto os retornos líquidos médios aumentaram 375%. Os custos elevados do *algodão Bt* deveram-se principalmente ao aumento do custo do trabalho humano, seguido dos fertilizantes, sementes, pesticidas e mecanização. Além disso, o estudo revelou que os rendimentos líquidos médios por hectare entre 2006-2007 e 2008-2009 foram os mais elevados em Gujarat (12767 rupias por hectare) e os mais baixos em Maharashtra (1143 rupias por hectare). Observou-se igualmente que a maioria dos produtores *de algodão Bt* em todo o país eram pequenos agricultores e agricultores marginais.

Singh *et al.* (2015) estudaram a análise económica do *algodão Bt* no distrito de Sirsa, em Haryana, e revelaram que o custo total do cultivo de *algodão Bt* era de 34924,91 Rs e 35275,60 Rs por hectare em pequenas e médias explorações, respetivamente. Entre os custos operacionais, as despesas de colheita representam a maior parte, *ou seja,* 4250,00 Rs por hectare, o que corresponde, em média, a 12,17% do custo total. O rendimento líquido do cultivo do *algodão Bt* nas pequenas e médias explorações agrícolas foi de 5660,09 e 7061,90 rupias por hectare, após dedução do custo total do rendimento bruto, que foi de 40585,00 rupias e 42337,50 rupias por hectare, respetivamente. Os rendimentos líquidos foram mais elevados nas grandes explorações, *ou seja,* 8196,10 Rs por hectare, em comparação com as pequenas e médias explorações.

2.2 Eficiência na utilização de recursos no cultivo de culturas:

Gaddi *et al.* (2002) estudaram os défices de rendimento, os condicionalismos e o potencial da produção de algodão em Karnataka durante o ano de 1996-97 e estimaram, utilizando o modelo de decomposição da produção, a contribuição de diferentes fontes para o défice de rendimento do algodão. As variáveis incluídas no modelo explicaram mais de 87% da variação da produção de algodão num campo de demonstração. O trabalho humano, o trabalho dos bois e as sementes revelaram-se as variáveis mais importantes que regem a produção. O fator capital não exerceu qualquer influência significativa na produção de algodão, enquanto os nutrientes das plantas foram excessivamente utilizados. As elasticidades de produção de todos os factores de produção em todos os campos do agricultor eram invariavelmente inferiores à unidade, o que implica uma produtividade marginal decrescente em relação a cada um desses factores.

Suresh e Keshavareddy (2006) estudaram a eficiência da utilização dos recursos na cultura do arroz na zona de comando de Peechi, no distrito de Thrissur, em Kerala. Os coeficientes de elasticidade foram significativos e positivos para os fertilizantes químicos, o estrume e o trabalho humano. A eficiência da afetação indicou que o rendimento marginal por rupia aumentada nestas rubricas seria de 2,83 Rs, 1,57 Rs e 1,17 Rs, respetivamente. A eficiência técnica média do produtor de arroz na zona de controlo foi de 66,8 por cento. A educação do agricultor e a irrigação suplementar fornecida durante os dias de stress hídrico foram identificados como os principais factores que poderiam aumentar a eficiência técnica. O estudo apelou a uma distribuição equitativa da água dos canais e ao reforço dos serviços de extensão para a gestão dos recursos na zona.

Hugar e Patil (2007) calcularam a diferença de produtividade entre as explorações *de algodão Bt* e não *Bt* em Karnataka durante o ano 2005-06 e utilizaram as técnicas de análise de decomposição da produção Cobb-Douglas modificadas. As estimativas de produção revelaram que as elasticidades de produção dos fertilizantes inorgânicos e do estrume orgânico tiveram uma influência significativa no rendimento das explorações de algodão *Bt* e não *Bt*. No entanto, os produtos químicos de proteção das plantas tiveram uma influência positiva significativa na produção de algodão *Bt*, enquanto que foi negativa e não significativa nas explorações de algodão não *Bt*. A relação entre o MVP e o MFC foi quase igual a um, o que indica uma utilização óptima das medidas fitossanitárias pelos produtores de algodão *Bt*. A análise de decomposição mostrou que a produção de algodão por hectare nas explorações *Bt* era superior em 16% à das explorações não *Bt*, dos quais 32% eram provenientes da tecnologia *Bt*. Assim, *o algodão Bt* precisava de ser expandido entre todos os produtores de algodão do Estado para colher os benefícios em termos de maior rendimento e rendimento.

Dodamani *et al.* (2009) estudaram a eficiência da utilização de recursos em algodão colorido natural produzido organicamente sob contrato em Karnataka durante o ano 2005-06, e estimaram que a eficiência da utilização de recursos, utilizando a função de produção Cobb-Douglas. Observou-se que a terra, as sementes, o estrume e o trabalho humano melhoraram os rendimentos brutos. Da mesma forma, observou-se que a mão de obra dos bois, os biopesticidas e os triciclos também melhoraram os rendimentos, mas a sua estimativa não foi estatisticamente significativa. Em geral, registou-se um aumento dos rendimentos à escala. Mas os rácios MVP para MFC indicaram que, à exceção da mão de obra, todos os outros factores de produção podiam ser aumentados de forma rentável no algodão.

Gamanagatti (2011) estudou a economia do cultivo de *algodão Bt* em Karnataka durante o ano de 2010-11 e revelou que os pequenos agricultores subutilizaram todos os factores de produção (terra, sementes, fertilizantes e mão de obra humana, mão de obra de boi, fertilizantes), enquanto os médios e grandes agricultores utilizaram em excesso os recursos de mão de obra de boi, etc. A indisponibilidade de mão de obra durante a época alta, a incerteza das chuvas, a flutuação dos preços e a inadequação do crédito foram os principais problemas.

Muhammad *et al.* (2011) estimaram a eficiência do uso de recursos de pequenos agricultores *de algodão Bt* em Punjab, Paquistão, durante o ano de 2008-19 e analisaram que os rácios de eficiência, *ou seja,* MVP/MFC para insumos de fertilizantes (kg), número de pulverização, irrigação (polegada acre) e custo de mão de obra (Rs.) foram 1,5, 3,94, 3,01 e 1,27, respetivamente. Todos os rácios de eficiência, mais do que a unidade, indicam a subutilização de todos os factores de produção em consideração no caso dos pequenos agricultores *de algodão Bt*. A produção de algodão Bt para os pequenos agricultores *Bt* teve um retorno crescente à escala com uma elasticidade de produção de 1,27. Ainda existem oportunidades para aumentar a produção de algodão *Bt* na área de estudo, aumentando o nível de recursos produtivos.

Balakrishna (2012) estudou a economia do *algodão Bt* em Andhra Pradesh durante o ano de 2007-08 e utilizou a função de produção Cobb-Douglas e técnicas de análise de decomposição para estimar a influência dos factores e da tecnologia *Bt* na variação da produção. Os resultados das funções de produção estimadas revelaram que as sementes e os adubos eram os factores de produção mais importantes, aos quais a produção respondia muito bem, tanto nas culturas de algodão *Bt* como nas de algodão não *Bt*. A elasticidade da produção de pesticidas foi maior no caso do cultivo de algodão não Bt do que no cultivo de *algodão Bt*.

Kotwal e Leua (2012) estudaram a análise da economia e da eficiência da utilização de recursos do algodão *Bt* no sul de Gujarat durante o ano de 2010-11 e revelaram que a função de produção logarítmica linear foi considerada mais adequada no caso da produção de algodão, tal como foi julgado pelo poder explicativo da função (R^2). O fertilizante químico e o trabalho humano foram positivos e altamente significativos ao nível de 1 e 10 por cento de significância, respetivamente, no *algodão Bt*. O rácio MVP-MFC foi superior a um para insumos como sementes, mão de obra humana, fertilizantes químicos, produtos químicos fitossanitários e mão de obra mecânica, mas inferior a um para insumos como mão de obra de boi, irrigação, FYM e terra no cultivo de *algodão Bt*. No caso do cultivo de algodão *não* Bt, o rácio foi superior a um para os factores de produção como a terra, as sementes, a mão de obra mecânica e a farinha de trigo, mas inferior a um para os factores de produção como o trabalho humano, a irrigação, os fertilizantes químicos e os produtos químicos fitossanitários.

Kerur *et al.* (2013) estimaram a eficiência da utilização dos recursos do *algodão Bt* e do algodão *não* Bt em Karnataka durante o ano de 2011-12 e concluíram que os coeficientes de regressão das sementes, do trabalho humano e dos fertilizantes no cultivo *do algodão Bt*, das sementes e do trabalho humano no cultivo do algodão não *Bt* eram significativos, indicando que o aumento destes recursos para além do nível atual conduzia a um aumento significativo dos rendimentos brutos. Os coeficientes de regressão dos produtos químicos fitossanitários no cultivo de algodão *Bt* e não *Bt* foram negativos, indicando que o aumento da utilização de produtos químicos fitossanitários resulta numa redução dos rendimentos brutos. A eficiência alocativa foi superior a um para sementes, adubo orgânico, mão de obra humana, mão de obra de máquinas/boias, tanto para o algodão *Bt* como para o algodão não *Bt*. Isto sugere que a quantidade destes recursos foi utilizada menos do que o ótimo e que existe uma margem para aumentar a utilização destes recursos. A eficiência da afetação foi negativa para os produtos químicos fitossanitários, tanto para o *algodão Bt* como para o algodão não *Bt*, o que indica que qualquer aumento da utilização de produtos químicos fitossanitários reduziria o rendimento.

Gowdru *et al.* (2014) estudaram a análise de sustentabilidade do algodão *Bt* e *não-Bt* em Karnataka durante o ano 2006-07 e concluíram que *o algodão Bt* era mais sustentável com um índice de sustentabilidade mais elevado e estável (0,66) em comparação com o algodão *não-Bt* (0,59).

2.3 Custos de comercialização:

Agarwal (1998) calculou os custos de comercialização, as margens e a diferença de preços dos principais produtos agrícolas no Rajastão e revelou que os agricultores obtinham uma quota de mercado dois por cento mais elevada através da venda em mercados regulamentados, tanto para o algodão desi como para o algodão americano.

Krishnaiah (1998), num estudo sobre a cultura do algodão em Andhra Pradesh durante o ano de 1991-92, examinou os custos de comercialização, a margem de comercialização e a diferença de preços nos seguintes canais de comercialização:

1) Produtor - Agente da Comissão - Consumidor

2) Produtor - Comerciante de aldeia - Comissionista - Moleiro - Consumidor

3) Produtor - Comerciante - Moleiro - Consumidor

4) Produtor - Comerciante - Cotton Corporation of India - Moleiro - Consumidor

5) Produtor - Cotton Corporation of India - Moleiro - Consumidor

6) Produtor - Moleiro - Consumidor

7) Produtor - Comerciante de aldeia - Moleiro - Consumidor

A análise da diferença de preços e das margens de mercado entre os diferentes canais revelou que os produtores do canal 5 obtiveram a maior quota de 96,28% da rupia do consumidor.

Rajput e Verma (2000) estudaram a análise económica da produção e comercialização de amendoim em Madhya Pradesh durante o ano de 1996-97 e concluíram que o produtor obteve 83,10% da rupia do consumidor de amendoim torrado, enquanto o grossista obteve 2,23% e os retalhistas obtiveram 4,61% da rupia do consumidor. O grossista e o retalhista obtiveram uma parte maior da rupia do consumidor. A repartição do preço ao consumidor na comercialização do amendoim torrado revelou que o montante da rupia do consumidor partilhado pelos diferentes operadores do mercado era de 2,16% para despesas de transporte, 0,93% para impostos e 6,97% para despesas de comercialização, incluindo o custo da torrefação. A baixa quota-parte do produtor deveu-se principalmente aos encargos mais elevados de transporte e comercialização, incluindo o custo da torrefação, e aos encargos mais elevados dos intermediários.

Balaji *et al.* (2001) estimaram a diferença de preços, a eficiência da comercialização e os condicionalismos da comercialização do amendoim em Tamil Nadu nos seguintes canais de comercialização:

1) Produtores - Mercado Regulamentado - Comissários - Lagares - Grossistas - Retalhistas - Consumidores

2) Produtores - Lagares - Grossistas - Retalhistas - Consumidores

3) Produtores - Comissários - Lagares - Grossistas - Retalhistas - Consumidores

4) Produtores - Comissionistas - Comissionistas - Lagares - Grossistas - Retalhistas - Consumidores

5) Produtores - Transformadores primários - Consumidores

O diferencial de preços estudado entre os canais 1 e 3 indicou que a quota dos produtores na rupia do consumidor era máxima no canal 2 (76,48%). O índice de Shepherd indicou que o canal - 2 (4,25 por cento) era o mais eficiente, seguido do canal - 1 e do canal - 3.

Singh e Singh (2009) estudaram os custos, as margens e a dispersão dos preços da colza e da mostarda no Rajastão e referiram que o custo de comercialização por quintal era de 139 rupias, 144 rupias e 190 rupias nos canais - 1, 2 e 3, respetivamente. A parte do produtor na rupia do consumidor foi de 78,45%, 78,33% e 78,70% nos canais 1, 2 e 3, respetivamente. Todos os canais estudados são os seguintes.

1) Produtor - comissionista - transformador - grossista de óleo - retalhista - consumidor
2) Produtor - comissionista - grossista com comissionista - transformador - retalhista - consumidor
3) Produtor - Comissionista - Grossista - Transformador - Grossista de óleo-1 - Grossista de óleo-2 - Retalhista - Consumidor
4) Produtor - comerciante da aldeia - grossista - transformador - grossista de óleo - retalhista - consumidor

Birla *et al.* (2014) estimaram a comercialização de algodão em Madhya Pradesh durante o ano 2009-10 e revelaram que o produtor recebeu o lucro líquido máximo no canal - 4 (Rs 3213 por quintal) e mínimo no canal - 1 (Rs 3163 por quintal). No canal - 5, a margem do comerciante foi de Rs 106 por quintal e a margem do comissionista foi de Rs 130. A quantidade máxima de algodão foi vendida pelo canal - 1 (60%) e a mínima pelo canal - 5 (7,5%). A maior eficiência de comercialização dos canais foi registada no canal 3 (136,57%) e a mínima no canal 4 (123,67%). A diferença de preços dos canais de comercialização é máxima no canal - 4 (465 rupias por quintal) e mínima no canal - 3 (295 rupias por quintal). Os canais estudados são os seguintes

1) Produtor - Mandi
2) Produtor - Comerciante de aldeia - Mandi
3) Produtor-Traders-Mandi
4) Produtor-Comerciante de aldeia-Comissário-Mandi
5) Produtor-Comerciante-Comissário-Mandi

Srivastava *et al.* (2015) estimaram os custos, as margens e a dispersão dos preços do algodão em Madhya Pradesh durante o ano agrícola de 2011-12 e estimaram que, no primeiro canal, o produtor vendia o seu algodão ao comissionista no pátio do mercado que, por sua vez, o vendia ao moleiro. No segundo canal, o produtor vendia o seu produto ao comerciante da aldeia, na própria aldeia. O comerciante da aldeia vendia-o ao moleiro através do comissionista. O canal I foi considerado mais eficiente devido aos menores custos e margens de comercialização. Os principais constrangimentos na área de estudo foram a falta de instalações de armazenamento adequadas, a classificação inadequada, a comercialização desorganizada e as más práticas no mercado.

2.4 Impacto da *tecnologia Bt* através da perceção do agricultor:

Shah (2007) analisou a perceção dos agricultores sobre o impacto ambiental do *algodão Bt* em Gujarat durante o ano de 2005 e concluiu que todos os agricultores da amostra não manifestaram qualquer impacto adverso do *algodão Bt* noutras culturas adjacentes, na população de insectos, na saúde dos animais de criação, na saúde humana e na saúde do solo. Pelo contrário, devido à utilização relativamente menor de pesticidas, *o algodão Bt* foi considerado mais favorável à saúde do que o algodão não *Bt*. O estudo revelou também que a perceção de um agricultor médio sobre o futuro da cultura do *algodão Bt* parece ser positiva. Cerca de 99% dos utilizadores de algodão *Bt* estavam satisfeitos com o seu desempenho e afirmaram firmemente que, nos próximos anos, continuarão a cultivar *algodão Bt*. Além disso, tencionavam aumentar a área cultivada *com algodão Bt,* alterando o seu padrão de cultivo. De um modo geral, observou-se que *o algodão Bt* tem mais vantagens do que o algodão híbrido *não* Bt.

Anónimo (2011) estudou a perceção dos agricultores sobre várias questões relacionadas com o *algodão Bt* na Índia e concluiu que 94% dos agricultores obtiveram rendimentos mais elevados com o algodão *Bt* do que com o algodão não *Bt* e 87% também observaram rendimentos mais elevados. Cerca de 84% dos agricultores consideravam que a quantidade de sementes utilizadas por hectare no *algodão Bt* era inferior à utilizada no algodão não *Bt*. No entanto, 92% dos agricultores afirmaram que as despesas com sementes *de algodão Bt* eram superiores às do algodão não *Bt*. Apenas dois por cento dos inquiridos afirmaram ter tido problemas com sementes falsas. 84% dos agricultores afirmaram não ter plantado "culturas de refúgio" ao lado das suas parcelas *de algodão Bt*. Isto deve-se ao facto de os agricultores procurarem obter maiores rendimentos e obter maiores receitas com o máximo de áreas cultivadas *com algodão Bt*. A utilização total de fertilizantes no algodão *Bt* foi considerada ligeiramente superior (54%) à do algodão não *Bt* (46%). Ao nível de toda a Índia, 76% dos agricultores declararam que a quantidade de pesticidas utilizados no *algodão Bt* tinha diminuído ao longo dos anos e 71% afirmaram que as despesas com pesticidas utilizados no *algodão Bt* também tinham diminuído. No que respeita ao papel do algodão *Bt* na minimização do ataque de bollworms, 90% dos agricultores afirmaram que *o algodão Bt* tinha reduzido o ataque de bollworms. Quanto às despesas de irrigação, uma proporção relativamente maior de agricultores (59%) considerou que as despesas de irrigação com o *algodão Bt* eram mais elevadas do que com o algodão não *Bt*.

Haque *et al.* (2015) analisaram a perceção dos agricultores sobre várias questões relacionadas com o *algodão Bt* na Índia durante o ano agrícola de 2010-11 e revelaram que cerca de 95% dos agricultores obtiveram maior rendimento com o *algodão Bt* do que com o algodão não *Bt* e 88% dos agricultores também obtiveram maiores rendimentos. Cerca de 85% dos agricultores afirmaram que a quantidade de sementes utilizadas por hectare no *algodão Bt* era inferior à utilizada no algodão não *Bt*. No entanto, 93% dos agricultores afirmaram que as despesas com sementes *de algodão Bt* eram superiores às do algodão não *Bt*. Cerca de 4% dos agricultores consideraram que tinham tido problemas com sementes falsas. A maioria dos estados concordou com isso, exceto Gujarat, onde 21% dos agricultores opinaram que tinham enfrentado esse problema. Esta situação foi muito semelhante em todos os distritos inquiridos e nas diferentes categorias de dimensão das explorações agrícolas. Além disso, o impacto económico global do *algodão Bt* durante os últimos dez anos foi considerado positivo e bastante significativo. No entanto, em Gujarat, Maharashtra e Andhra Pradesh, cerca de 10% dos inquiridos referiram também a existência de efeitos adversos do algodão *Bt* na saúde humana e animal, embora não o pudessem explicar explicitamente. Cerca de 10% dos agricultores inquiridos em todos os Estados inquiridos referiram também efeitos negativos do *algodão Bt* na qualidade dos solos, devido ao aumento da salinidade e da alcalinidade dos mesmos.

Kiresur e Ichangi (2011) analisaram as percepções dos agricultores sobre o impacto da tecnologia *Bt* em Karnataka durante o ano de 2007-08 e referiram que a tecnologia *do algodão Bt* teve um impacto positivo muito elevado no rendimento do produto principal. Pelo contrário, não estavam muito confiantes de que a tecnologia proporcionasse uma redução dos custos. Entre todos os factores ambientais, a incidência de pragas e doenças foi grandemente influenciada pela tecnologia *do algodão Bt*. Quanto à questão do impacto sobre os insectos benéficos, os agricultores mostraram-se indecisos. Na categoria dos factores socioeconómicos, os agricultores consideraram que a tecnologia *Bt* teve um impacto positivo e significativo no rendimento agrícola (94%), no nível de vida (87%), no nível de educação (77%), no emprego (70%) e na equidade (60%). Entre várias outras dimensões do impacto, a sustentabilidade da utilização dos recursos e a qualidade da produção do produto principal, bem como dos subprodutos, foram positivamente influenciadas pela introdução da tecnologia *do algodão Bt.*

Kumari (2014) analisou a perceção dos agricultores sobre a comercialização do *algodão Bt* em Hisar e concluiu que a maioria dos agricultores preferia o algodão híbrido, uma vez que a produção e a qualidade do algodão eram boas. Os que preferiam as variedades consideravam-nas melhores porque, segundo eles, exigiam menos irrigação. A maioria dos agricultores conhecia o *algodão Bt*. Alguns inquiridos adquiriram sementes de Gujarat, mas não sabiam o nome exato da empresa. O número máximo de agricultores aplicou mais de 6 pulverizações contra o bollworm. A pulverização contra o bollworm era muito cara para os agricultores. O maior número de agricultores gastou mais de Rs. 800 por um acre de cultura. Alguns dos agricultores opinaram que *o algodão Bt* não necessitava de qualquer pulverização para o bollworm, apenas tinham de pulverizar para as pragas sugadoras. A maioria dos agricultores afirmou que eram necessárias mais de 8 pulverizações. A maior parte dos agricultores não estava esclarecida sobre o controlo das pragas sugadoras. Para eles, as pragas sugadoras não eram um grande problema. O principal problema era o do bollworm. Como os agricultores tinham grandes expectativas em relação ao *algodão Bt*, não excediam as 6-8 pulverizações no *algodão Bt*. Comparando o rendimento do algodão híbrido com o da variedade desi, a maioria dos agricultores obteve um rendimento elevado com o algodão híbrido e a sua mentalidade era positiva em relação a este último. Os agricultores esperavam um rendimento elevado, superior a 8 quintais por acre. Alguns dos agricultores opinaram que, se *o algodão Bt* não necessitava de qualquer pulverização para o bollworm, então não era inadequado obter um rendimento superior a 10 quintais por acre. Em suma, os agricultores querem ver-se livres dos bollworms. De uma forma ou de outra, queriam ter uma cultura saudável, livre de pragas e com um rendimento elevado.

Zelda e Sekar (2015) avaliaram a perceção dos agricultores sobre o *algodão Bt* em Tamil Nadu durante o ano de 2009-11 e concluíram que a plantação de *algodão Bt* controlava a infeção por vermes da cápsula, o que resultava numa menor utilização de pesticidas e, por sua vez, em menores despesas. De acordo com alguns dos agricultores inquiridos, *o algodão Bt* era bom porque consideravam que o rendimento era maior, a comercialização era fácil e, como tal, as despesas com mão de obra eram menores.

2.5 Constrangimentos enfrentados pelos produtores *de algodão Bt*:

Shehrawat *et al.* (1994) realizaram um estudo em Sirsa e Hisar sobre os condicionalismos na adoção da tecnologia de produção de algodão. O estudo revelou que o elevado custo dos insecticidas, pesticidas e fertilizantes, a falta de preços remuneradores dos produtos agrícolas e a adulteração de pesticidas, fungicidas e herbicidas, o elevado custo dos factores de produção agrícola, os agro-químicos falsos e a falta de bons preços dos produtos agrícolas eram os principais obstáculos enfrentados pelos agricultores que afectavam a adoção de novas tecnologias. A falta de orientação tecnológica foi considerada um problema grave pelos agricultores.

Sidhu (1996) estudou as práticas de uso de sementes dos agricultores em Punjab durante o ano de 1992-93 e observou que a semente auto-retida era a mais usada, seguida pelas sementes de outros agricultores em Punjab. Verificou-se que um grande número de agricultores (76%) não recebia sementes certificadas de qualidade adequada. Além disso, a maioria dos agricultores (60%) expressou que o preço das sementes certificadas era muito alto. O investigador sugeriu que, para uma distribuição adequada e atempada de sementes de qualidade, era necessário desenvolver uma rede adequada.

Shinde *et al.* (1997) estudaram as práticas de proteção integrada em Maharashtra durante o ano de 1995-96 e revelaram que os produtores de algodão desconheciam a cultura intercalar de feijão-frade/milho como cultura armadilha e não tinham conhecimentos sobre a utilização de um inseticida amarelo. A inadequação da mão de obra e a elevada taxa salarial, a falta de conhecimentos sobre a utilização de bio-agentes, a indisponibilidade de insecticidas recomendados, a falta de conhecimentos sobre a preparação e utilização do extrato de sementes de nim e a indisponibilidade de sementes de nim foram outras limitações expressas na adoção do IPM no algodão.

Katole *et al.* (1998) estudaram as limitações na adoção de medidas fitossanitárias para o algodão híbrido em Maharashtra durante o ano de 1995-96 e concluíram que a maioria dos inquiridos (80,67%) não tinha conhecimentos sobre o controlo biológico. Cerca de 80,00% dos inquiridos declararam que o custo dos insecticidas era exorbitante, seguidos de 69,33% dos inquiridos que enfrentavam dificuldades devido à falta de conhecimentos sobre medidas fitossanitárias.

Christain *et al.* (2004) referiram que os agricultores que cultivam algodão no distrito de Vadodara, em Gujarat, enfrentaram os principais problemas, como a indisponibilidade de formação sobre a proteção integrada (100%) e a falta de mão de obra qualificada (70%). Do mesmo modo, a indisponibilidade atempada de instrumentos de produção vegetal e de bio-agentes (47,5%) e o elevado custo dos factores de produção fitossanitários (38,33%) constituíam outros obstáculos à adoção de práticas de gestão integrada das pragas.

Shelke e Kalyankar (2004) estudaram os constrangimentos na transferência de tecnologias na produção de algodão e identificaram que 1) Falta de tecnologia agrícola adequada, de baixo custo e adaptada localmente. 2) Falta de consciencialização e de conhecimentos suficientes sobre a tecnologia melhorada. 3) A falta de tecnologia viável de gestão de recursos, como implementos para sementeira e aplicação de fertilizantes e 4) A falta de um pacote específico de práticas foram os principais condicionalismos.

Visawadia *et al.* (2006) efectuaram uma análise comparativa da produção e comercialização do algodão *Bt* e do algodão híbrido na região de Saurashtra, em Gujarat, e estudaram os condicionalismos com que se confronta a produção e a comercialização do *algodão Bt*. Revelaram que a falta de disponibilidade de sementes de qualidade de algodão *Bt*, com uma pontuação média de 2,88, era o principal constrangimento entre os constrangimentos físicos, seguido da falta de conhecimentos sobre o pacote de práticas recomendado pelas agências (2,84), da escassez de mão de obra agrícola durante as épocas altas (2,63), do fornecimento inadequado e do preço elevado de fertilizantes genuínos (1,45) e da falta de disponibilidade de fertilizantes com micronutrientes (1,14). As instalações de irrigação inadequadas, com uma pontuação média de 2,14, ficaram em primeiro lugar entre os constrangimentos de irrigação, seguidas pela baixa disponibilidade de energia de irrigação (2,08), água subterrânea imprópria para irrigação (1,99) e custo elevado da energia (1,83). No que diz respeito aos constrangimentos fitossanitários, a elevada incidência de pragas sugadoras no *algodão Bt* ocupa o primeiro lugar, seguida da elevada incidência de doenças e outros insectos e da falta de disponibilidade de produtos químicos fitossanitários genuínos. No que se refere às restrições de crédito, a falta de recursos de capital, com uma pontuação média de 1,67, ficou em primeiro lugar, seguida da falta de disponibilidade de crédito de fontes institucionais (1,40) e do elevado custo do crédito (1,26). Concluíram também que a falta de facilidades de comercialização a nível da aldeia, com uma pontuação média de 2,93, ocupava o primeiro lugar, seguida dos baixos preços dos produtos agrícolas na altura da colheita (2,48), da falta de instalações de armazenamento (1,69), da falta de transportes baratos e eficientes (1,38), do atraso no pagamento pelas agências de comercialização (1,38), da falta de classificação (1,37) e do pagamento insuficiente pelas agências de comercialização (1,15).

Darandale *et al.* (2011) analisaram os constrangimentos enfrentados pelos produtores de algodão na gestão da cultura do algodão em Gujarat durante o ano de 2009-10 e revelaram que o elevado custo dos factores de produção, as flutuações na taxa de mercado, a indisponibilidade de sementes na altura certa, a indisponibilidade de mão de obra, o elevado custo de transporte, a falta de aconselhamento técnico atempado, a elevada taxa de mão de obra e a indisponibilidade de créditos atempados, o processo complexo de obtenção de seguros de colheitas, a falta de instalações de mercado e a dificuldade em tirar partido do seguro de colheitas foram considerados, por ordem decrescente de importância, como os principais constrangimentos enfrentados pelos produtores de algodão.

Kiresur e Ichangi (2011), em Karnataka, durante o ano de 2007-08, revelaram que a indisponibilidade de sementes *Bt* de qualidade e na quantidade necessária eram os factores mais importantes que limitavam a adoção da tecnologia *Bt*.

Hosmath *et al.* (2012), em Karnataka, analisaram os constrangimentos do cultivo de *algodão Bt* no norte de Karnataka no ano de 2007 e concluíram que o trabalho de investigação tem de ser intensificado na gestão do avermelhamento das folhas no *algodão Bt* e que tem de ser assegurado o fornecimento de sementes *de algodão Bt* a preços acessíveis aos agricultores economicamente pobres. Os produtores *de algodão Bt* devem ser informados, através de demonstrações, sobre a agricultura científica que permite obter rendimentos mais elevados.

Srivastava *et al.* (2010), num estudo sobre a análise económica da comercialização da soja em Madhya Pradesh durante o ano agrícola de 2007-08, revelaram que os principais constrangimentos na área de estudo eram a falta de instalações de armazenamento adequadas, a comercialização desorganizada, as más práticas no mercado, a falta de instalações adequadas de classificação e embalagem e a flutuação diária dos preços da soja. O estudo sugeriu que as sociedades cooperativas de comercialização deveriam ser promovidas para, entre outras coisas, gerar emprego remunerado.

Kotwal e Leua (2012) analisaram os constrangimentos de produção e comercialização enfrentados pelos agricultores na produção de *algodão Bt* no sul de Gujarat durante o ano de 2010-11 e revelaram que a falta de instalações de comercialização ao nível da aldeia foi o constrangimento de comercialização mais importante, ocupando o primeiro lugar e com uma pontuação média de 2,89. O preço elevado das sementes *Bt* de qualidade ocupou o segundo lugar, com uma pontuação média de 2,68, seguido da falta de disponibilidade atempada de sementes *Bt* de boa qualidade (2,54), da falta de classificação e normalização (2,26), da falta de instalações de armazenamento (2,09), da falta de disponibilidade atempada de aparelhos de aplicação de produtos fitossanitários (1.73), falta de transportes baratos e eficientes (1,41), falta de disponibilidade atempada de fertilizantes genuínos (1,15), baixo preço dos produtos agrícolas no momento da colheita (1,10), atraso no pagamento pelas agências de comercialização (1,08) e menos pagamento pelas agências de comercialização (1,03). Além disso, concluíram que o estudo dos condicionalismos da produção e da comercialização revelou que as instalações adequadas de produção e comercialização têm muito potencial para aumentar a produção e a produtividade do algodão Bt e aumentar o rendimento dos agricultores produtores *de algodão Bt*.

Thakor (2012) analisou os problemas enfrentados pelos agricultores *de algodão Bt* durante o ano de 2010-11 em Gujarat e observou que a maioria dos constrangimentos estava relacionada com as agências de extensão e pode ser eliminada se essas agências forem activas e fizerem o seu trabalho com responsabilidade. Os principais constrangimentos assinalados pela maioria dos inquiridos foram a falta de tratamento do solo, a falta de sementes de boa qualidade, o elevado custo das *sementes de beterraba*, o elevado preço dos fertilizantes e pesticidas, a falta de instalações de ensaio do solo, a falta de conhecimentos tecnológicos, o baixo preço dos produtos agrícolas e a indisponibilidade do crédito desejado, bem como o facto de a cultura de beterraba exigir maiores factores de produção. Além disso, os condicionalismos de comercialização identificados foram a falta de planeamento científico da produção agrícola e das actividades de gestão da comercialização conexas, o conluio entre os comerciantes que trabalham contra os interesses dos agricultores, a pesagem insuficiente e os encargos de mercado não autorizados, a falta de instalações de armazenagem científicas, a imperfeição das estradas rurais e urbanas e do sistema de comunicação, a relação pouco amistosa entre as organizações públicas de comercialização, como a Cooperative, a Cotton Corporation of India e os mercados regulamentados, a falta de classificação científica da qualidade e a ausência de uma política de preços baseada na qualidade.

Mondal e Sinha (2015) estimaram uma análise comparativa dos problemas enfrentados pelos produtores de algodão em Gujarat durante o ano de 2011 e referiram que os problemas enfrentados pelos produtores de algodão eram endémicos em termos de pragas e doenças, problemas de solo, efeito dos insecticidas, seca e chuvas fortes tardias, problemas de mão de obra, comercialização negra e comerciantes privados.

Srivastava *et al.* (2015), num estudo que estimou os custos, as margens e a dispersão dos preços do algodão em Madhya Pradesh durante o ano agrícola de 2011-12, constatou que cerca de 92% dos inquiridos consideravam a falta de instalações de armazenamento adequadas como o principal constrangimento que os obrigava a vender o produto imediatamente após a colheita. A classificação inadequada foi outro problema enfrentado por cerca de 90 por cento dos inquiridos. A comercialização desorganizada e a falta de instalações de armazenamento no pátio do mercado ocuparam o terceiro e quarto lugares. Outros problemas incluíam a pesagem incorrecta, a falta de unidades de processamento de algodão, a flutuação do preço do algodão e o elevado custo de transporte.

CAPÍTULO 3

METODOLOGIA DE INVESTIGAÇÃO

Uma metodologia sólida e em conformidade com os objectivos tem uma importância vital em qualquer investigação científica. Este capítulo trata da metodologia adoptada para atingir os objectivos específicos do estudo em referência. Inclui a descrição da área de estudo, a técnica de amostragem adoptada, o método de inquérito, a natureza e as fontes de dados e os vários instrumentos e técnicas utilizados na análise dos dados e na avaliação dos problemas. Os vários aspectos da metodologia utilizada para realizar o estudo são discutidos nos seguintes subtítulos,

3.1Descrição da área de estudo

3. 2Concepção da amostragem

3.3 Natureza, fontes e recolha dos dados

3.4 Técnicas analíticas utilizadas

3.1 Descrição da área de estudo:

O estado de Gujarat é composto por 33 distritos, entre os quais Ahmedabad, Gandhinagar, Anand, Kheda, Dahod, Panchmahal, Vadodara, Mahisagar e Chhota Udepur estão abrangidos pela Zona Média de Gujarat. A zona do Médio Gujarate foi selecionada para o estudo porque contribui com cerca de 19,12% da área total cultivada com algodão em 2012-13 em Gujarate. *(Direção da Agricultura, Gandhinagar, 2015).*

3.2 Conceção da amostragem:

Para o estudo, foi adotado um processo de amostragem estratificado e em várias fases para selecionar as unidades de amostragem finais.

3.2.1 Seleção dos distritos:

Entre os nove distritos de Middle Gujarat, os distritos de Ahmedabad e Vadodara constituíram cerca de 14,53% da área de algodão na média trienal dos anos 2010-11, 201112 e 2012-13 no estado. Os distritos de Ahmedabad e Vadodara constituíram 43,16% e 40,26% da área de algodão na média trienal dos anos 2010-11, 2011-12 e 2012-13 na zona do Médio Gujarat, respetivamente. Assim, estes dois distritos, nomeadamente Ahmedabad e Vadodara, foram selecionados propositadamente, uma vez que cobriam coletivamente cerca de 83,42% da área de algodão na média trienal dos anos 2010-11, 2011-12 e 2012-13 na zona do Médio Gujarate (Quadro 3.1).

Quadro 3.1: Área distrital cultivada com algodão no Médio Gujarat

(Área em '00 hectares)

Name of the Districts	2010-11	2011-12	2012-13	Average	Per cent to Total
Ahmedabad* (including Barvala and Ranpur)	**2092**	**2219**	**1768**	**2026**	**43.16**
Anand	33	53	76	54	1.15
Dahod	1	2	16	6	0.12
Gandhinagar	304	331	348	328	6.98
Kheda	215	304	340	286	6.09
Panchmahal	98	101	113	104	2.21
Vadodara* (including Chhota Udepur)	**1663**	**1969**	**2038**	**1890**	**40.26**
Total	**4406**	**4979**	**4699**	**4694**	**100**

Fonte: Direção da Agricultura, Gandhinagar, 2015 * Considerado para o estudo.

3.2.2 Seleção das Talukas:

Na segunda fase, tendo em conta o tempo e os recursos limitados, decidiu-se selecionar dois talukas de cada distrito selecionado com base na concentração da área de cultivc de *algodão Bt* no ano 2012-13. Assim, foram selecionados quatro talukas no total. Todos os talukas dos distritos de Ahmedabad e Vadodara são apresentados abaixo, juntamente com a respetiva área de cultivo de algodão durante o ano de 2012-13 (Quadro 3.2).

Quadro 3.2: Área de cultivo de algodão em Taluka nos distritos de Ahmedabad e Vadodara

(Área em hectares)

Sr. No.	Name of the Talukas	2012-13	Per cent to Total
	Ahmedabad District		
1	Bavla	10825	9.17
2	Daskroi	1000	0.84
3	Detroj	2000	1.69
4	**Dhandhuka***	**56940**	**48.26**
5	**Dholka***	**23806**	**20.17**
6	Mandal	3820	3.23
7	Sanand	1700	1.44
8	Viramgam	17890	15.16
	Total	**117981**	**100**
	Vadodara District		
1	Dabhoi	17000	14.48
2	**Karjan***	**35000**	**29.81**
3	Padra	9200	7.83
4	**Savli***	**20369**	**17.35**
5	Sinor	14822	12.62
6	Vadodara	8500	7.24
7	Vaghodiya	12505	10.65
	Total	**117396**	**100**

Fonte: Direção da Agricultura, Gandhinagar, 2015

* Considerado para o estudo.

Foi calculada a parte relativa de cada taluka na superfície total da cultura do algodão nos distritos. Foram selecionados dois talukas com a maior área de algodão de cada distrito, *ou seja,* os talukas Dhandhuka e Dholka do distrito de Ahmedabad e os talukas Karjan e Savli do distrito de Vadodara. No distrito de Ahmedabad, os talukas de Dhandhuka e Dholka constituíam, no seu conjunto, cerca de 68,43% da área total de algodão do distrito de Ahmedabad e, no distrito de Vadodara, os talukas de Karjan e Savli contribuíam, no seu conjunto, com cerca de 47,16% da área total de algodão do distrito de Vadodara.

3.2.3 Seleção das aldeias:

Além disso, na terceira fase, foram selecionadas aleatoriamente três aldeias de cada uma das talukas selecionadas. Assim, foram selecionadas para o estudo um total de 12 aldeias.

3.2.4 Seleção dos inquiridos:

Na quarta fase, devido a limitações financeiras e de tempo, foram escolhidos aleatoriamente para o estudo 12 inquiridos produtores *de algodão Bt* de cada uma das aldeias selecionadas. Assim, no total, 144 (12x12) inquiridos, distribuídos por 12 aldeias dos distritos de Ahmedabad e Vadodara, constituíram a amostra final. Os inquiridos foram selecionados com base na probabilidade proporcional à sua categoria.

Quadro 3.3: Detalhes sobre as aldeias da amostra e os produtores *de algodão Bt*

Districts	Talukas	Villages	Farm Size Groups				Total
			Marginal	Small	Medium	Large	
Ahmedabad	Dhandhuka	Jaliya	6	2	1	3	12
		Sarwal	1	1	2	8	12
		Vagad	3	1	2	6	12
	Dholka	Ambareli	6	1	2	3	12
		Nesda	4	5	1	2	12
		Vautha	2	3	5	2	12
Vadodara	Karjan	Dhavat	4	3	3	2	12
		Koliyad	5	3	2	2	12
		Kothav	2	4	4	2	12
	Savali	Anjesar	4	5	2	1	12
		Moti Bhadol	5	3	3	1	12
		Tulsipura	1	3	4	4	12
Total			**43**	**34**	**31**	**36**	**144**

Em seguida, foram estratificadas em quatro grupos de tamanho: marginal (até 1,00 hectare), pequeno (1,00 a 2,00 hectares), médio (2,00 a 4,00 hectares) e grande (acima de 4,00 hectares). Em seguida, as amostras de 12 produtores *de algodão Bt* foram selecionadas aleatoriamente em cada uma das aldeias selecionadas, assegurando uma representação proporcional dos quatro estratos. Assim, no total, foram selecionados para o estudo 144 produtores (43 marginais, 34 pequenos, 31 médios e 36 grandes) (Quadro 3.3).

3.3 Natureza, fontes e recolha dos dados:

Os dados foram recolhidos de ambas as fontes, *ou seja,* primária e secundária, para cumprir os objectivos estipulados do estudo.

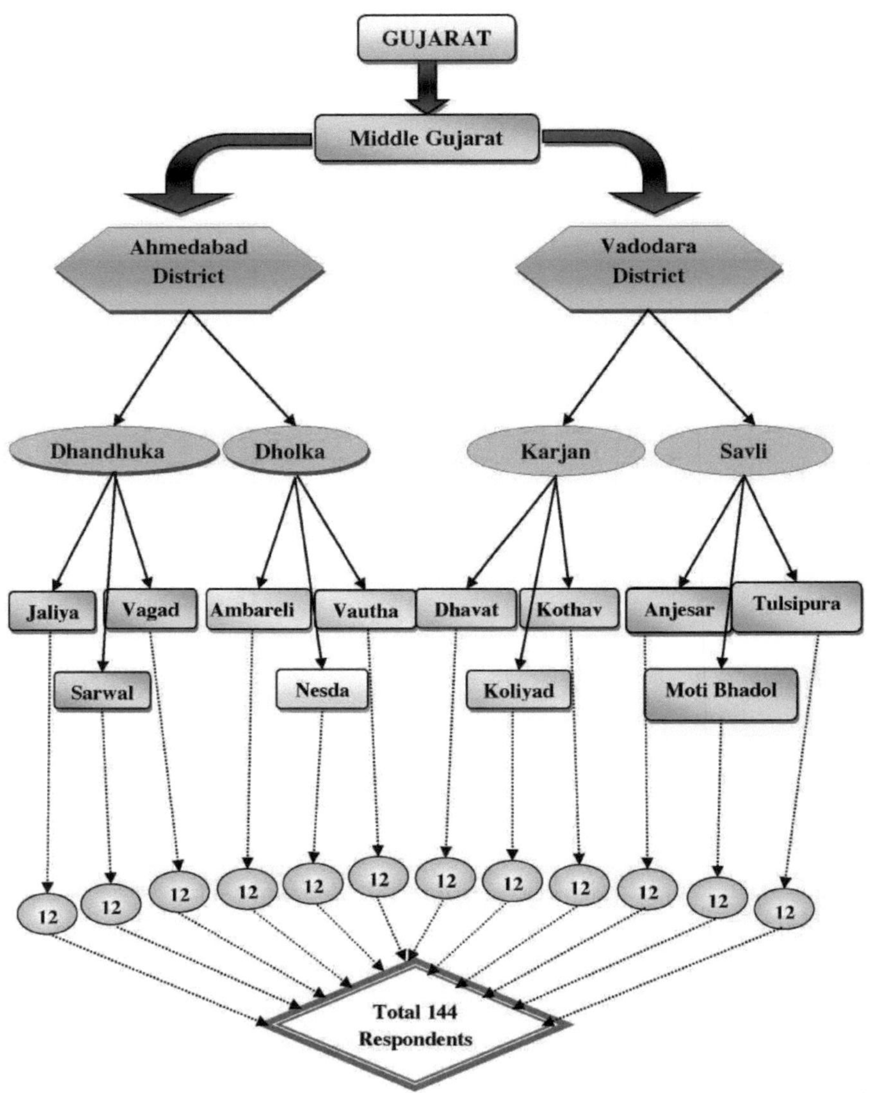

Figura 3.1: Desenho da amostragem do estudo

3.3.1 Dados primários:

Os dados relativos às caraterísticas socioeconómicas dos produtores, à propriedade fundiária, ao padrão de cultivo, ao inventário de alfaias e maquinaria, aos custos de cultivo, aos constrangimentos enfrentados pelos cultivadores durante a produção e a comercialização foram recolhidos através de entrevistas aos produtores *de algodão Bt*, com a ajuda de esquemas estruturados pré-testados. Além disso, os dados sobre o escoamento da produção total, os excedentes comercializáveis e comercializados, os preços da colheita e as despesas de comercialização foram também recolhidos da mesma forma junto dos respectivos inquiridos.

3.3.2 Dados secundários:

Os dados secundários sobre a superfície, a produção e a produtividade do algodão foram igualmente recolhidos no gabinete da Direção da Agricultura do Estado de Gujarat, em Gandhinagar.

3.3.3 Período de referência:

Para estudar a economia do *algodão Bt*, foram recolhidos os dados primários necessários junto dos agricultores, nos meses de fevereiro e março de 2016, para o ano agrícola de 2015-16.

3.3.4 Conceção e pré-teste do calendário do inquérito:

Tendo em conta a natureza do estudo e para obter informações corretas e perfeitas dos inquiridos, decidiu-se recolher informações através de entrevistas pessoais pelo método de inquérito, com a ajuda de um calendário estruturado pré-testado. Durante a preparação do programa de entrevistas, foi consultada a literatura pertinente disponível e os relatórios de investigação. Alguns pontos ambíguos foram esclarecidos através de discussões com os peritos e as pessoas com conhecimentos na matéria. Com base nas suas sugestões, os guiões das entrevistas foram revistos e, antes de os finalizar, foram pré-testados.

3.4 Técnicas analíticas utilizadas:

Os dados recolhidos durante o período de inquérito foram compilados, escrutinados, tabulados e analisados de acordo com os objectivos do estudo, utilizando a análise tabular e de regressão, bem como outras técnicas relacionadas. Apresenta-se de seguida uma breve descrição das diferentes técnicas de análise utilizadas no estudo.

3.4.1 Análise tabular:

A análise tabular foi utilizada para determinar o nível de utilização dos factores de produção, o custo de cultivo por hectare, o custo de produção por quintal, os rendimentos brutos e líquidos. Os indicadores socioeconómicos de diferentes categorias de agregados familiares foram também estudados através do método de análise tabular. Foi também utilizado para analisar as dimensões do impacto da *tecnologia Bt* através da perceção dos agricultores e para analisar os constrangimentos enfrentados pelos produtores *de algodão Bt.*

3.4.2 Análise estatística:

Os dados recolhidos de diferentes fontes foram submetidos a uma análise estatística para avaliar os objectivos estabelecidos.

3.4.3 Percentagem e rácios:

As comparações simples foram efectuadas com base na percentagem. Foram também calculados rácios para a interpretação dos dados.

3.4.4 Economia da cultura/produção de *algodão Bt*:

Conceitos como custo de cultivo e custo de produção são frequentemente utilizados na análise económica das culturas. O custo de cultivo refere-se à avaliação económica dos factores de produção variáveis e dos factores de produção fixos por unidade de superfície, por exemplo por hectare, enquanto o custo de produção da cultura é calculado em termos de produção por unidade de peso, por exemplo por quintal.

3.4.5 Conceitos de custos:

A abordagem do conceito de custos de gestão agrícola é amplamente utilizada na análise económica para avaliar a rentabilidade das culturas. Os conceitos de custos mais utilizados são, resumidamente, o custo A, o custo B, o custo C1 e o custo C2. Os diferentes elementos de custo utilizados na presente análise, incluídos em cada conceito de custo, são pormenorizados a seguir, com os respectivos procedimentos de imputação. Os conceitos de custos utilizados na presente análise são os estabelecidos na gestão agrícola estudada.

Custo A: Os seguintes elementos estão incluídos no custo A:

(i) Custo do trabalho humano contratado,

(ii) Custo da mão de obra própria e alugada,

(iii) Custo das sementes (compradas),

(iv) Custo dos adubos (próprios e comprados),

(v) Custo dos fertilizantes,

(vi) Custo dos produtos químicos fitossanitários,

(vii) Encargos de irrigação,

(viii) Encargos com máquinas (próprias e alugadas),

(ix) Amortização de edifícios e utensílios agrícolas

(x) Juros sobre o fundo de maneio

(xi) Outras despesas pagas

O custo A é também designado por custo de exploração ou custo pago e o custo C2 é também designado por custo total.

No entanto, o custo A também pode ser dividido em duas partes, *ou seja*, o custo A1 e o custo A2, se existirem agricultores arrendatários no estudo. Mas, no presente estudo, o custo A foi considerado sem divisão em custo A1 e custo A2, uma vez que não havia agricultores arrendatários na lista dos inquiridos selecionados. As despesas incorridas com o rendimento fundiário, as despesas de transporte, os encargos com trabalhos contratuais, etc., foram incluídas na rubrica de outras despesas pagas.

Custo B:

Custo A + valor locativo imputado dos terrenos próprios + juros imputados aos activos fixos de capital próprios (excluindo terrenos).

Custo C1:

Custo B + valor imputado do trabalho familiar.

Custo C2:

Custo C1 + 10 por cento do custo C1 como encargos de gestão.

Custo de produção por quintal:

Custo total (Custo C2) / Rendimento do produto principal em quintal

Custo de produção em diferentes custos:

Diferentes custos, *nomeadamente*, Custo A, Custo B, Custo C1 e Custo C2/ Rendimento do produto principal em quintais.

3.4.6 Procedimento de imputação para inputs próprios:

O valor dos factores de produção foi registado tal como foi comunicado pelos agricultores após a sua verificação, e os procedimentos utilizados para o cálculo dos valores são indicados a seguir:

(a) A mão de obra familiar foi avaliada à taxa de trabalho ocasional prevalecente para as diferentes operações nas aldeias da amostra.

(b) A mão de obra própria foi avaliada à taxa de comercialização em vigor.

(c) O valor do estrume e das sementes produzidos na exploração foi calculado ao preço de mercado.

(d) O custo da irrigação e do trator foi considerado à taxa de mercado em vigor.

(e) Os juros sobre o fundo de maneio foram cobrados à taxa de 12 por cento ao ano para o duração da cultura.

(f) A depreciação dos edifícios utilizados para efeitos de armazenagem foi calculada à taxa de 5% para os edifícios Kachcha e de 2% para os edifícios Pakka, tendo em conta o período económico produtivo da cultura.

(g) O valor locativo das terras pertencentes aos agricultores foi cobrado à taxa em vigor nas aldeias para o período total de cultivo da cultura.

(h) Os juros sobre o capital fixo detido foram calculados à taxa de 10% ao ano, tendo em conta o período de cultivo da cultura.

(i) Os encargos de gestão foram considerados como 10 por cento do custo C1.

3.4.7 Medidas de rendimento:

As várias medidas de rendimento utilizadas no presente estudo são apresentadas a seguir:

(i) Valor da produção bruta (rendimento bruto)

É calculado tendo em conta a produção total de *algodão Bt*, em quintal, e o preço prevalecente do produto por quintal.

(ii) Rendimento da atividade agrícola

Rendimento bruto menos custos A

(iii) Rendimento do trabalho familiar

Rendimento bruto menos custos B

(iv) Rendimentos de investimentos agrícolas

Rendimento líquido + valor locativo dos terrenos próprios + juros do capital fixo próprio.

(v) Resultado líquido (lucros ou perdas)

Valor da produção bruta menos Custo C2

3.4.8 Análise da função de produção:

A função de produção mostra a relação técnica entre a produção e os factores de produção utilizados no processo de produção. Esta função ajuda a captar a capacidade do agricultor para atingir a produção máxima realizável com um dado nível de factores de produção, na situação e com a tecnologia existentes. A fim de determinar a eficiência dos recursos utilizados na produção de *algodão Bt*, a seguinte forma de função de produção Cobb-Douglas foi ajustada para avaliar a eficiência da utilização dos recursos na produção da cultura *de algodão Bt*. A análise foi efectuada por hectare, utilizando o software SPSS.

$$\mathbf{Y = a.x_i^{bi}.e^{u}}$$

A função de produção Cobb-Douglas é a forma mais utilizada de funções de produção para ajustar dados de produção agrícola, devido às suas propriedades matemáticas, como a facilidade de interpretação e a simplicidade computacional, para além de, ao contrário de outras formas funcionais, os coeficientes de entrada constituírem a respectiva elasticidade. A função original é:

$$\mathbf{Y = a \cdot x_1^{b1} \cdot x_2^{b2} \cdot x_3^{b3} \cdot x_4^{b4} \cdot x_5^{b5} \cdot x_6^{b6} \cdot e^{u}} \ldots\ldots\ldots.(1)$$

O rendimento bruto foi considerado como variável dependente e as outras variáveis como variáveis explicativas. As variáveis incluídas e a forma funcional da equação ajustada são apresentadas a seguir. No presente estudo, a equação original (i) foi convertida na forma logarítmica linear e os parâmetros foram estimados utilizando o método dos mínimos quadrados ordinários.

$$\mathbf{\ln Y = \ln a + b_1 \ln x_1 + b_2 \ln x_2 + b_3 \ln x_3 + b_4 \ln x_4 + b_5 \ln x_5 + b_6 \ln x_6 + U}$$

Onde,

Y = Rendimento bruto do *algodão Bt* (Rs por hectare),

a = Interceção,

X1 = Custo da mão de obra (humana e bovina) (Rs por hectare),

X2 = Encargos do trator (Rs por hectare),

X3 = Custo das sementes (Rs por hectare),

X4 = Custo dos fertilizantes (Rs por hectare),

X5 = Custo dos produtos químicos fitossanitários (Rs por hectare),

X6 = Encargos de irrigação (Rs por hectare),

$b_i, b_2 \ldots b_6$ = Co-eficientes de regressão (elasticidade da produção dos respectivos factores de produção (Xi's)) n

Σ bi = Rendimento à escala, e i=i

e^u = Termo de erro com os pressupostos habituais.

Uma vez que a função de produção Cobb-Douglas é a que melhor se ajusta, os coeficientes de regressão continuam a ser as elasticidades e são utilizados para medir a taxa de rendibilidade à escala, que é a medida do sucesso de uma empresa na produção máxima a partir de um conjunto de factores de produção. Um critério para o retorno à escala é o seguinte:

$\Sigma E_p > 1$: rendimentos crescentes à escala

$\Sigma E_p = 1$: rendimentos constantes à escala

$\Sigma E_p < 1$: rendimentos decrescentes à escala.

3.4.8.1 Produtividade de valor marginal (MVP):

Os coeficientes de regressão dos factores de produção obtidos foram utilizados para calcular os produtos de valor marginal (MVP) à sua média geométrica.

$$MVPxi = bi \frac{\bar{Y}}{\bar{X}}$$

Onde,

$\bar{Y}$ = Média geométrica da produção (Y),

$\bar{X}$ = Média geométrica das respectivas entradas (x_i) e

bi = Co-eficiente de regressão associado à entrada xi.

3.4.8.2 MVP em relação aos custos marginais dos factores (MFC):

O critério básico de uma utilização eficiente dos recursos é que o MVP do fator de produção cobre apenas o custo marginal do fator, que é **MVPXi = PXi**. Assim, para avaliar a eficiência da utilização dos recursos, foi calculado o rácio entre o valor marginal do produto dos diferentes factores e o respetivo custo do fator.

Se a contribuição marginal de uma unidade de fator de produção for superior ao preço do fator de produção, diz-se que os agricultores estão a afetar os recursos de forma eficiente e, como tal, há margem para afetar mais unidades desse fator de produção específico. Se a contribuição marginal for negativa, diz-se que os agricultores estão a utilizar excessivamente o fator de produção, de modo que os recursos fixos já não respondem ao fator de produção variável aplicado.

O critério para determinar a otimização da utilização dos recursos é o seguinte,

MVP/MFC > 1: subutilização dos recursos

MVP/MFC = 1: utilização óptima dos recursos

MVP/MFC < 1: utilização excessiva de recursos.

CAPÍTULO 4

RESULTADOS E DISCUSSÃO

De acordo com os objectivos estabelecidos para o presente estudo, os resultados do estudo intitulado "An Economic Analysis of *Bt-Cotton* in Middle Gujarat" são discutidos neste capítulo. O estudo baseia-se em dados primários recolhidos através de entrevistas aos inquiridos. Por uma questão de conveniência expositiva, este capítulo está dividido em seis secções, como se segue:

4.1 Perfil socioeconómico

4.2 Análise dos custos e das receitas

4.3 Análise da função de produção

4.4 Custos de comercialização

4.5 Impacto da *tecnologia Bt* através da perceção do agricultor

4.6 Constrangimentos enfrentados pelos produtores *de algodão Bt*

4.1 PERFIL SOCIOECONÓMICO:

A atitude, as competências e os conhecimentos dos agricultores são regidos por vários factores pessoais, sociais, psicológicos, económicos e ambientais. Vários parâmetros socioeconómicos*, como* a dimensão da família, o nível de instrução, a participação em organizações, etc., afectam em grande medida a situação económica da exploração agrícola e a adoção de tecnologias melhoradas. A dimensão da família influencia a oferta de mão de obra na exploração agrícola, bem como as necessidades de consumo da família. O nível de educação afecta a adoção de tecnologias melhoradas entre os agricultores. Por conseguinte, algumas caraterísticas socioeconómicas importantes relacionadas com o estudo foram analisadas e apresentadas a seguir.

4.1.1 Idade dos inquiridos:

A classificação dos inquiridos em função da idade foi feita para conhecer a distribuição dos agricultores pelos diferentes grupos de dimensão das explorações. Os produtores *de algodão Bt* selecionados foram classificados em três grupos etários*:* jovens (menos de 35 anos), médios (35 a 50 anos) e idosos (mais de 50 anos). A distribuição dos produtores *de algodão Bt* em função da sua idade pode ser vista no quadro 4.1.1.

Quadro 4.1.1: Distribuição dos inquiridos de acordo com os grupos etários

(Anos)

Category of Farm	Age of the Respondents			Total	Mean Age
	Young (less than 35)	Middle (35 to 50)	Old (above 50)		
Marginal	4 (9.30)	33 (76.74)	6 (13.95)	43 (100.00)	41.91
Small	4 (11.76)	16 (47.06)	14 (41.18)	34 (100.00)	47.03
Medium	4 (12.90)	19 (61.29)	8 (25.81)	31 (100.00)	44.03
Large	3 (8.33)	24 (66.67)	9 (25.00)	36 (100.00)	44.22
Overall	15 (10.42)	92 (63.89)	37 (25.69)	144 (100.00)	44.15

Nota: Os valores entre parênteses indicam as percentagens do número total de inquiridos em cada categoria de exploração

A idade dos inquiridos variava entre os 26 e os 72 anos, sendo a idade média dos chefes de família agrícola de cerca de 44 anos. Dos 144 agricultores inquiridos, apenas 15 agricultores (10,42%) pertenciam a um grupo etário jovem, enquanto 92 agricultores (63,89%) e 37 agricultores (25,69%) pertenciam a um grupo etário médio e a um grupo etário idoso, respetivamente. Além disso, observou-se também que a maioria dos agricultores das categorias marginal, pequena, média e grande pertenciam ao grupo de meia-idade.

4.1.2 Composição da Família e da Força de Trabalho:

Os recursos humanos são um ativo e um fator de produção importante para qualquer indústria. Como a agricultura é de natureza intensiva em mão de obra, esta é um recurso vital para a produção agrícola. É, portanto, necessário conhecer a disponibilidade de recursos humanos na área de estudo. Os pormenores relativos à composição das famílias que cultivam *algodão Bt* são apresentados no Quadro 4.1.2.

Tabela 4.1.2: Composição da família e da força de trabalho

Particulars	Category of Farm				
	Marginal	Small	Medium	Large	Overall
Average Size of the Family					
Children (Up to 18 Years)	1.23	0.91	1.45	1.25	1.21 (21.53)
Adults (18 to 60 Years)	3.47	3.71	4.26	4.14	3.86 (68.81)
Old (Above 60 Years)	0.37	0.68	0.58	0.58	0.54 (9.65)
Total	5.07	5.30	6.29	5.97	5.61 (100.00)
Percentage of Family Members in Labour Force					
Male	15.60	9.44	12.82	7.44	11.39
Female	5.50	5.56	2.56	3.26	4.21
Total	21.10	15.00	15.38	10.70	15.60

Nota: Os números entre parênteses indicam as percentagens em relação ao total

Os dados apresentados na Tabela 4.1.2 indicaram que o tamanho médio da família para os cultivadores de algodão *Bt* era 6. Era 5,07, 5,30, 6,29 e 5,97 no caso de grupos de fazendas marginais, pequenas, médias e grandes, respetivamente; indicando que, em geral, quanto maior o tamanho da fazenda, maior era o tamanho da família. A tabela também indicou que o número médio de crianças, adultos e idosos era de 1,21 (21,53 por cento), 3,86 (68,81 por cento) e 0,54 (9,65 por cento) por família, respetivamente, nas explorações agrícolas da amostra. Além disso, pode ser visto que 15,60% dos membros da família constituíam a força de trabalho em uma base geral e sua proporção masculina era maior (11,39%) do que a proporção feminina (4,21%). A proporção de membros da família na mão de obra do grupo das explorações de grande dimensão era mais baixa, porque estas adoptavam a mecanização na maior parte das actividades e preferiam relativamente menos trabalhar na agricultura, estando a maior parte deles envolvidos noutras actividades.

4.1.3 Nível de instrução:

A educação desempenha um papel fundamental na adoção de tecnologias melhoradas e de inovações na cultura do algodão *Bt*. Uma melhor educação permite uma melhor compreensão das tecnologias agrícolas e a sua possível adoção nas empresas agrícolas. Os níveis de sensibilização e de conhecimento dos agricultores reflectem-se melhor através da sua educação. Por conseguinte, o nível de instrução dos produtores *de algodão Bt* foi examinado e apresentado no Quadro 4.1.3.

Quadro 4.1.3: Distribuição dos inquiridos de acordo com o seu nível de educação

Category of Farm	Educational Level				Total
	Illiterate	Primary (Up to VII Std.)	Secondary (VIII to XII Std.)	College	
Marginal	8 (18.60)	11 (25.58)	22 (51.16)	2 (4.65)	43 (100.00)
Small	8 (23.53)	4 (11.76)	19 (55.88)	3 (8.82)	34 (100.00)
Medium	4 (12.90)	2 (6.45)	23 (74.19)	2 (6.45)	31 (100.00)
Large	1 (2.78)	2 (5.56)	19 (52.78)	14 (38.89)	36 (100.00)
Overall	21 (14.58)	19 (13.19)	83 (57.64)	21 (14.58)	144 (100.00)

Nota: Os valores entre parênteses indicam as percentagens do número total de inquiridos em cada categoria de exploração

O quadro 4.1.3 indica que cerca de 85,42% dos cultivadores da amostra eram alfabetizados e os restantes 14,58% eram analfabetos. Entre os agricultores selecionados, apenas 13,19 por cento tinham educação até ao nível primário, enquanto 57,64 por cento tinham educação até ao nível secundário e 14,58 por cento tinham educação universitária. A percentagem de alfabetização era mais elevada nas grandes explorações (97,22%) e mais baixa nas pequenas explorações (76,47%). A escolaridade de nível universitário era comparativamente mais elevada entre os grandes agricultores do que nas outras categorias de explorações. Verificou-se uma relação positiva entre a educação e a dimensão da exploração, o que está de acordo com a observação comum.

4.1.4 Profissão:

O quadro 4.1.4 apresenta a ocupação dos produtores *de algodão Bt* nas explorações da amostra, em função da sua origem. O quadro indica que mais de 30% nas categorias marginal e grande, enquanto mais de 40% na categoria média e cerca de 60% na categoria pequena dos produtores de *algodão* Bt adoptaram a agricultura como ocupação principal. No total, 44,44% dos produtores de *algodão Bt* adoptaram a agricultura e a criação de animais, 2,78% a agricultura, a criação de animais e o comércio e 3,47% a agricultura, a criação de animais e os serviços.

Tabela 4.1.4: Distribuição dos produtores *de algodão Bt de* acordo com a ocupação

Category of Farm	Occupation					Total
	F	F+AH	F+AH+B	F+AH+S	Others	
Marginal	15 (34.88)	23 (53.49)	1 (2.33)	2 (4.65)	2 (4.65)	43 (100.00)
Small	21 (61.76)	11 (32.35)	0 (0.00)	1 (2.94)	1 (2.94)	34 (100.00)
Medium	15 (48.39)	16 (51.61)	0 (0.00)	0 (0.00)	0 (0.00)	31 (100.00)
Large	13 (36.11)	14 (38.89)	3 (8.33)	2 (5.56)	4 (11.11)	36 (100.00)
Overall	64 (44.44)	64 (44.44)	4 (2.78)	5 (3.47)	7 (4.86)	144 (100.00)

Nota: F: Agricultura, AH: Criação de animais, B: Comércio, S: Serviços

Os números entre parênteses indicam as percentagens do número total de inquiridos em cada categoria de exploração agrícola

4.1.5 Associação com organizações:

A associação dos agricultores a diferentes organizações é uma indicação dos seus horizontes alargados e da sua participação ativa e envolvimento não só na agricultura mas também na sociedade. As associações dos produtores *de algodão Bt* com diferentes organizações são apresentadas no Quadro 4.1.5.

Os dados mostraram que os médios e grandes agricultores tinham maior participação em todas as organizações. Entre as diferentes organizações, a maior participação foi observada nas cooperativas de leite das aldeias (25,69%), seguidas por seva sahkari (16,67%), panchayat das aldeias (12,50%) e outras associações (2,78%). No total, 42,36% dos agricultores não estavam associados a nenhuma das organizações.

Quadro 4.1.5: **Associação dos produtores *de algodão Bt* a várias organizações**

Organizations	Category of Farm				
	Marginal	Small	Medium	Large	Overall
Village Panchayat	1 (2.33)	3 (8.82)	10 (32.26)	4 (11.11)	18 (12.50)
Milk Co-op. Society	12 (27.91)	10 (29.41)	7 (22.58)	8 (22.22)	37 (25.69)
Seva Sahkari	4 (9.30)	4 (11.76)	5 (16.13)	11 (30.56)	24 (16.67)
Others	0 (0.00)	1 (2.94)	0 (0.00)	3 (8.33)	4 (2.78)
Not Associated	26	16	9	10	**61**
	(60.46)	(47.05)	(29.03)	(27.77)	(**42.36**)
Total	43	34	31	36	144

Nota: Os valores entre parênteses indicam as percentagens do número total de inquiridos em cada categoria de exploração

O quadro mostra que os pequenos e marginais agricultores têm uma participação relativamente maior na cooperativa de leite da aldeia. Isso pode dever-se ao facto de a cooperativa de leite proporcionar um rendimento constante e adicional que os ajuda muito a satisfazer as suas necessidades diárias. Este facto está também em conformidade com a opinião bem estabelecida de que as cooperativas são as melhores estruturas de desenvolvimento para as pessoas com poucos recursos na sociedade. Os grupos agrícolas médios e grandes tiveram uma participação relativamente mais ativa no seva sahkari. Tal pode dever-se a uma maior e constante necessidade de crédito para a mecanização das explorações agrícolas e a uma utilização comparativamente mais elevada de factores de produção mais dispendiosos, como fertilizantes solúveis em água, reguladores de crescimento, produtos químicos para proteção das plantas, etc.

4.1.6 Dimensão média operacional das explorações fundiárias:

Os pormenores sobre a dimensão operacional média das explorações agrícolas e a superfície cultivada *com algodão Bt* são apresentados no Quadro 4.1.6.

Quadro 4.1.6: Dimensão operacional das explorações agrícolas

(Área em Hectares)

Category of Farm	Average of Total Land Holding	Area under *Bt*-cotton Crop
Marginal	0.93	0.90 (97.23)
Small	1.90	1.83 (96.38)
Medium	3.53	2.79 (79.07)
Large	16.45	6.94 (42.19)
Overall	5.60	3.04 (54.25)

Nota: Os valores entre parênteses indicam a percentagem em relação à média da exploração total das terras

O quadro 4.1.6 indica que a dimensão média global das explorações agrícolas é de 5,60 hectares, variando entre 0,93 hectares nas explorações marginais e 16,45 hectares nas grandes explorações. A área média cultivada *com algodão Bt* era de 3,04 hectares (54,25%). Quanto às caraterísticas da cultura de *algodão Bt*, a proporção de terras afectadas à cultura *de algodão Bt* foi mais elevada nos agricultores marginais, seguidos dos pequenos, médios e grandes agricultores.

4.1.7 Experiência de cultivo de *algodão Bt*:

A experiência dos produtores *de algodão Bt* também desempenha um papel importante no cultivo do *algodão Bt*. O Quadro 4.1.7 mostra que a maioria dos agricultores (68,05%) tem uma experiência de até 10 anos, enquanto 31,94% dos agricultores têm entre 11 e 15 anos de experiência.

Tabela 4.1.7: Experiência no cultivo de *algodão Bt* pelos inquiridos da amostra

Experience (Years)	Category of Farm				
	Marginal	Small	Medium	Large	Overall
Up to 5	13 (30.23)	13 (38.24)	5 (16.13)	10 (27.78)	41 (28.47)
6 to 10	22 (51.16)	10 (29.41)	11 (35.48)	14 (38.89)	57 (39.58)
11 to 15	8 (18.60)	11 (32.35)	15 (48.39)	12 (33.33)	46 (31.94)
Total	43 (100.00)	34 (100.00)	31 (100.00)	36 (100.00)	144 (100.00)

Nota: Os valores entre parênteses indicam as percentagens do número total de inquiridos em cada categoria de exploração

4.2 ANÁLISE DE CUSTOS E RETORNOS:

4.2.1 Estrutura de custos:

O algodão Bt é uma das principais culturas comerciais e de rendimento, ocupando um lugar de destaque na economia dos cultivadores, para além de a Índia ser o país líder mundial na produção de *algodão Bt*. Por conseguinte, o custo de cultivo do *algodão Bt* é de importância vital para todos, incluindo investigadores e decisores políticos. Os pormenores relativos aos custos das componentes da cultura do *algodão Bt* em explorações de diferentes dimensões, por hectare, são estudados e os resultados são apresentados no quadro 4.2.1.

Quadro 4.2.1: Repartição do custo total de cultivo do *algodão* Bt

(Rs ha)$^{-1}$

Sr. No.	Items	Category of Farm				
		Marginal	**Small**	**Medium**	**Large**	**Overall**
1	Human labour	9747 (14.97)	10282 (15.25)	11863 (16.39)	11488 (15.59)	10764 (15.52)
	(a) Family	3066 (4.71)	3154 (4.68)	3673 (5.08)	3686 (5.00)	3372 (4.86)
	(b) Hired	6680 (10.26)	7127 (10.57)	8190 (11.32)	7802 (10.59)	7391 (10.65)
2	Bullock labour	4229 (6.49)	4246 (6.30)	3465 (4.79)	4707 (6.39)	4188 (6.04)
3	Tractor charges	3375 (5.18)	3505 (5.20)	3578 (4.94)	3704 (5.03)	3532 (5.09)
4	Seeds	3935 (6.04)	3741 (5.55)	3625 (5.01)	3548 (4.82)	3726 (5.37)
5	Manures	1264 (1.94)	1428 (2.12)	2009 (2.78)	1491 (2.02)	1520 (2.19)
6	Chemical fertilizers	8606 (13.21)	9522 (14.12)	8058 (11.13)	7936 (10.77)	8537 (12.31)
7	Plant protection	1931	1637	1822	2064 (2.80)	1872

	chemicals	(2.97)	(2.43)	(2.52)		(2.70)
8	Irrigation charges	5085 (7.81)	4890 (7.25)	4992 (6.90)	5038 (6.84)	5007 (7.22)
9	Picking costs (Rs/q)	648 (1.00)	642 (0.95)	672 (0.93)	628 (0.85)	647 (0.93)
10	Miscellaneous	259 (0.40)	261 (0.39)	262 (0.36)	261 (0.35)	261 (0.38)
11	Depreciation	906 (1.39)	1382 (2.65)	2102 (2.90)	1755 (2.38)	1488 (2.15)
12	Interest on working capital	2953 (4.54)	3071 (4.55)	3102 (4.29)	3115 (4.23)	3053 (4.40)
13	Interest on fixed capital	1813 (2.79)	3261 (4.84)	7085 (9.79)	5634 (7.65)	4245 (6.12)
14	Rental value of owned land	14452 (22.19)	13420 (19.90)	13155 (18.18)	15613 (21.19)	14220 (20.50)
15	Managerial cost	5921 (9.09)	6129 (9.09)	6579 (9.09)	6698 (9.09)	6306 (9.09)
16	Total	65131 (100.00)	67427 (100.00)	72376 (100.00)	73687 (100.00)	69372 (100.00)

Nota: Os números entre parênteses indicam as percentagens em relação ao total

O quadro 4.2.1 indica que o custo total médio de cultivo por hectare nas explorações *de algodão Bt, ou seja,* o custo C2, foi de Rs 69372. Verificou-se que o custo mais elevado foi registado nas grandes explorações (73687 Rs), seguidas das médias explorações (72376 Rs), das pequenas explorações (67427 Rs) e das explorações marginais (65131 Rs). Esta situação deve-se principalmente ao facto de os grandes agricultores investirem mais em mão de obra humana, mão de obra de boi, despesas com tractores, adubos, produtos químicos fitossanitários, despesas de irrigação e também em depreciação, juros sobre o capital de exploração e juros sobre o capital fixo. Em termos globais, entre as diferentes rubricas de despesas de caixa, o custo do trabalho humano ocupa o primeiro lugar, com 15,52% do custo total, uma vez que *o algodão Bt* requer um maior número de trabalhadores para a sementeira, a aplicação de fertilizantes e de produtos químicos fitossanitários e a monda. As despesas mais elevadas com outros factores de produção foram observadas nos fertilizantes químicos (12,31%), seguidos das despesas de irrigação (7,22%), mão de obra (6,04%), custo das sementes (5,37%), despesas com tractores (5,09%), produtos químicos fitossanitários (2,70%), adubos (2,19%), depreciação (2,15%), custos de colheita (0,93%) e custos diversos (0,38%). A despesa mais elevada não paga mas contabilizada foi o valor do aluguer da terra própria (20,50%), seguida dos custos de gestão (9,09%), dos juros sobre o capital fixo (6,12%) e dos juros sobre o capital de exploração (4,40%). Estas conclusões estão em consonância com Gandhi e Namboodiri (2006), Visawadia *et al.* (2006), Kotwal e Leua (2012) e Haque *et al.* (2015).

4.2.2 Estimativas dos diferentes custos:

As estimativas dos diferentes custos, como o custo A, o custo B, o custo C1 e o custo C2, foram calculadas e apresentadas no quadro 4.2.2.

Tabela 4.2.2: Estimativa dos diferentes custos:

(Rs ha^{-1})

Category of Farm	Different Costs			
	Cost A	Cost B	Cost C_1	Cost C_2
Marginal	39877 (61.23)	56143 (86.20)	59210 (90.91)	65131 (100.00)
Small	41460 (61.49)	58142 (86.23)	61297 (90.91)	67427 (100.00)
Medium	41882 (57.87)	62123 (85.83)	65796 (90.91)	72376 (100.00)
Large	42053 (57.07)	63302 (85.91)	66988 (90.91)	73687 (100.00)
Overall	41226 (59.43)	59692 (86.05)	63065 (90.91)	69372 (100.00)

Nota: Os números entre parênteses indicam as percentagens em relação ao custo C2

Pode inferir-se do quadro que o custo global por hectare A foi de 41226 Rs. O custo A mais elevado por hectare foi de 42053 Rs nas grandes explorações e o mais baixo de 39877 Rs nas explorações marginais. Além disso, o estudo mostrou que o custo B e o custo C1 representavam cerca de 86,05 e 90,91 por cento do custo C2. Globalmente, observou-se que o custo C2 era de Rs 69372 por hectare, sendo mais elevado nas grandes explorações (Rs 73687) e mais baixo nas explorações marginais (Rs 65131). Os custos mais elevados nas grandes explorações estavam associados à utilização intensiva de mão de obra humana, mão de obra de boi, intercultivo, adubos, produtos químicos para proteção das plantas, irrigação e também à depreciação, juros sobre o capital de exploração e juros sobre o capital fixo. Foi observada uma associação positiva entre a dimensão da exploração e o custo total (Custo C2) devido ao custo de produção, ao aumento da mecanização e ao custo da mão de obra. Este facto está em consonância com os resultados obtidos por Patel (2015).

4.2.3: Rendimento, preço e rendimento bruto e ganhos líquidos:

A sementeira atempada e a taxa recomendada de sementes de boa qualidade ajudaram a aumentar a produtividade das culturas e, consequentemente, o rendimento dos agricultores. Um estudo comparativo sobre estes aspectos terá maior importância na formulação de uma política adequada.

O rendimento, o preço de colheita na exploração e o valor da produção bruta de *algodão Bt* em diferentes grupos de dimensão de exploração são apresentados no quadro 4.2.3. O quadro revela que o rendimento médio do algodão *Bt* foi de 23,39 quintais por hectare. O rendimento variou entre 21,90 quintais por hectare nas explorações marginais e 27,65 quintais por hectare nas grandes explorações. O nível mais elevado de rendimento nas grandes explorações pode ser atribuído ao nível ótimo de insumos utilizados por elas, juntamente com operações de monda atempadas e seleção adequada de variedades de sementes *de algodão Bt*, que afectaram a produção em maior medida, em comparação com outras explorações. A variação no rendimento deveu-se à falta de conhecimento do pacote de práticas recomendadas ou de orientação técnica atempada.

Quadro 4.2.3: Nível de rendimento, preço de colheita na exploração e rendimento bruto por hectare

Category of Farm	Yield (q ha^{-1})	Average Farm Harvest Price (Rs per quintal)	Value of Gross Output (Rs ha^{-1})
Marginal	21.90	4224	92509
Small	21.03	4187	88063
Medium	23.10	4236	97874
Large	27.65	4320	119471
Overall	23.39	4242	99230

Como se pode ver no quadro, o preço médio por quintal recebido pelos produtores *de algodão Bt* foi de Rs 4242. Os grandes produtores obtiveram preços mais elevados por quintal (Rs 4320), seguidos dos médios (Rs 4236), dos marginais (Rs 4224) e dos pequenos produtores (Rs 4187). De um modo geral, observou-se que os médios e grandes agricultores vendiam os seus produtos a preços mais elevados do que os das explorações marginais e pequenas, o que se devia principalmente ao momento da venda e às agências às quais o produto era vendido.

O rendimento bruto médio global por hectare nas explorações *de algodão Bt* ascendeu a 99230 rupias, variando entre 92509 rupias nas explorações marginais e 119471 rupias nas grandes explorações. Assim, o rendimento bruto aumentou com o aumento da dimensão das explorações, exceto no caso das pequenas explorações.

Quadro 4.2.4: Ganhos líquidos em relação a diferentes custos por hectare

(Rs ha)$^{-1}$

Category of Farm	Different Costs			
	Cost A	Cost B	Cost C_1	Cost C_2
Marginal	52632	36365	33299	27378
Small	46602	29920	26765	20635
Medium	55991	35750	32077	25497
Large	77417	56169	52482	45783
Overall	58003	39537	36165	29858

O quadro 4.2.4 mostra que a rendibilidade líquida por hectare, para além dos custos operacionais (custo A), é mais elevada (77417 Rs) nas grandes explorações e mais baixa (52632 Rs) nas explorações marginais, com uma média de 58003 Rs nas explorações da amostra. O rendimento líquido das explorações *de algodão Bt*, com base no custo B, no custo C1 e no custo C2, foi de 39537 Rs, 36165 Rs e 29858 Rs por hectare, respetivamente. A análise revela que o rendimento líquido por hectare das explorações *de algodão Bt*, com base no custo C2, variou entre 27378 rupias nas explorações marginais e 45783 rupias nas grandes explorações, com uma média de 29858 rupias. O rendimento líquido das explorações *de algodão Bt*, em relação aos diferentes custos, aumentou com o aumento da dimensão das explorações, exceto nas explorações marginais.

Quadro 4.2.5: Rendimento da exploração agrícola, rendimento do trabalho familiar, rendimento do investimento na exploração e lucro líquido sobre os custos-C2

(Rs. ha^{-1})

Particulars	Category of Farm				
	Marginal	Small	Medium	Large	Overall
Farm Business Income	52632	46602	55991	77417	58003
Family Labour Income	36365	29920	35750	56169	39537
Farm Investment Income	43644	37318	45738	67032	48324
Net Profit	27378	20635	25497	45783	29858

O rendimento global por hectare das explorações agrícolas, o rendimento do trabalho familiar e o rendimento dos investimentos nas explorações agrícolas, tal como indicado no quadro 4.2.5, foram de Rs 58003, Rs 39537 e Rs 48324, respetivamente. O lucro líquido por hectare (sobre o custo C2) foi de 29858 Rs para todas as explorações. A análise revelou também que o rendimento da exploração, o rendimento do trabalho familiar e o investimento na exploração, bem como o lucro líquido, aumentaram à medida que a categoria da exploração passou de marginal para grande, exceto para as pequenas explorações.

4.2.4 Custo por quintal:

A relação custo-preço decide geralmente a prosperidade económica e o grau de comercialização nas explorações agrícolas. Dado o preço oferecido pelo mecanismo de mercado a uma unidade de produção, a prosperidade do agricultor depende da sua capacidade de produzir a um custo inferior ao preço de mercado.

A estimativa do custo de produção por quintal de *algodão Bt* é apresentada no quadro 4.2.6. O custo total pago (custo A) por quintal foi de 1762 rupias, o que corresponde a 59,43% do custo total. O custo global B foi calculado em 2552 rupias por quintal, o que corresponde a 86,05% do custo total. O custo total de produção (custo C2) por quintal de *algodão Bt* foi de 2965 rupias. Este custo foi mais elevado nas pequenas explorações (3206 rupias), seguidas das médias (3132 rupias), das marginais (2974 rupias) e das grandes (2664 rupias).

Quadro 4.2.6: Custo de produção por quintal com base em diferentes conceitos de custos

(Rs per quintal)

Category of Farm	Different Costs			
	Cost A	Cost B	Cost C_1	Cost C_2
Marginal	1821 (61.23)	2564 (86.20)	2704 (90.91)	2974 (100.00)
Small	1971 (61.49)	2764 (86.23)	2914 (90.91)	3206 (100.00)
Medium	1812 (57.87)	2689 (85.83)	2848 (90.91)	3132 (100.00)
Large	1520 (57.07)	2289 (85.91)	2422 (90.91)	2664 (100.00)
Overall	1762	2552	2696	2965
	(59.43)	(86.05)	(90.91)	(100.00)

Nota: Os números entre parênteses indicam as percentagens em relação ao custo C2

O preço de mercado do *algodão Bt* variou entre Rs 3500 e Rs 4500 por quintal na área de estudo.

4.3 ANÁLISE DA FUNÇÃO DE PRODUÇÃO:

O objetivo mais importante de qualquer unidade de produção é coordenar e utilizar os vários recursos de produção de forma a obter o maior rendimento líquido. O objetivo da análise no presente estudo era avaliar a eficiência dos recursos utilizados pelos produtores *de algodão Bt* e é utilizado para otimizar a eficiência dos recursos. Assim, a abordagem da função de produção foi utilizada para determinar a produtividade dos recursos utilizados na cultura do *algodão Bt* em Middle Gujarat.

4.3.1 Eficiência na utilização dos recursos:

Os estudos sobre a eficiência mostraram que pode ser possível aumentar a produtividade das culturas sem aumentar efetivamente a aplicação de factores de produção. As medidas corretivas tomadas para mitigar as razões da baixa eficiência dos recursos ajudarão a alcançar, a longo prazo, uma maior produtividade. Para atingir o objetivo de medir a eficiência da utilização dos recursos nas explorações de algodão Bt, foi utilizada a função de produção Cobb-Douglas, tomando o rendimento bruto como variável dependente e outras variáveis, *ou seja,* o custo da mão de obra (humana e de boi), os encargos com o trator, o custo das sementes, os fertilizantes, os produtos químicos fitossanitários e a irrigação como variáveis explicativas. A produtividade dos recursos utilizados na produção de *algodão Bt* obtida pela função de produção (interceção, coeficiente de determinação múltipla e rendimentos à escala) é apresentada no quadro 4.3.1.

Tabela 4.3.1: Elasticidade da produção da cultura de *algodão Bt* estimada a partir da função de produção Cobb-Douglas

Variables	Production Elasticity (bi)
X_1 = Cost of labour (human and bullock) (Rs/ha)	0.217** (0.100)
X_2 = Tractor charges (Rs/ha)	0.155 (0.098)
X_3 = Cost of seeds (Rs/ha)	-0.179 (0.107)
X_4 = Cost of fertilizers (Rs/ha)	0.193** (0.097)
X_5 = Cost of plant protection chemicals (Rs/ha)	-0.190* (0.064)
X_6 = Irrigation charges (Rs/ha)	0.313* (0.092)
a = Intercept	2.909
R^2 = Co-efficient of multiple determination	0.359
Σ bi's = Returns to scale	0.509
n = Number of farms	100

Nota: Os valores entre parênteses indicam o erro padrão da elasticidade correspondente.

** Significativo a um nível de significância de 5 por cento

* Significativo ao nível de 1 por cento de significância

A função de produção (quadro 4.3.1) revelou que o coeficiente de determinações múltiplas (R^2) era de 0,359, o que mostrava que 35,9% da variação do rendimento bruto era explicada pelo modelo, utilizando variáveis explicativas (X1 a X6).

Os resultados revelaram que as elasticidades eram tanto positivas como negativas. Conclui-se que, entre as variáveis explicativas, o custo da mão de obra (humana e de boi), os encargos com o trator, o custo dos fertilizantes e os encargos com a irrigação foram considerados positivos, enquanto o custo das sementes e o custo dos produtos químicos fitossanitários foram negativos.

A elasticidade da mão de obra (humana e bovina) (X1) foi positiva e significativa a um nível de significância de 5 por cento, o que implica o aumento da utilização de mão de obra e, consequentemente, do rendimento bruto, o que significa que com um aumento de um por cento no custo da mão de obra, o rendimento bruto aumentará 0,21 por cento. Uma vez que a cultura *do algodão Bt* era intensiva em mão de obra, operações como a sementeira de sementes, a aplicação de fertilizantes e adubos, a monda manual, a pulverização de pesticidas e a colheita contribuíram significativamente para o aumento da produção e, consequentemente, do rendimento. Do mesmo modo, Muhammad *et al.* (2011) e Kotwal e Leua (2012) registaram um impacto positivo do custo da mão de obra na produtividade do *algodão Bt.*

A elasticidade dos encargos com o trator (X2) não contribuiu para o rendimento bruto, uma vez que não foi estatisticamente significativa, indicando que foram aplicados a um nível ótimo. A elasticidade das sementes (X3) foi negativa.

O fertilizante é outro fator importante que contribui para uma maior produtividade do *algodão Bt*. O crescimento e o rendimento do algodão *Bt* são afectados pela aplicação de fertilizantes. No presente estudo, a quantidade de fertilizante (X4) para os produtores *de algodão Bt* foi considerada significativa a um nível de significância de 5 por cento. Isto implica que um aumento de um por cento na quantidade de fertilizante levará a um aumento de 0,19 por cento no rendimento do *algodão Bt*. Muhammad *et al.*, (2011) e Kotwal e Leua (2012) também relataram um impacto positivo do fertilizante na produtividade do *algodão Bt.*

A elasticidade dos produtos químicos fitossanitários (X5) foi altamente significativa ao nível de 1 por cento de significância, mas negativa. Isto pode dever-se ao facto de os agricultores utilizarem mais produtos químicos fitossanitários do que os níveis recomendados.

A produção agrícola depende diretamente da disponibilidade e da utilização eficaz da água, que é um dos principais factores de produção de qualquer cultura. No presente estudo, o coeficiente de regressão da irrigação (X6) foi positivo e significativo ao nível de 1 por cento de significância. Se a irrigação aumentar em um por cento, haverá um aumento de 0,31 por cento no rendimento bruto. Muhammad *et al.*, (2011) também registaram um impacto positivo da irrigação na produtividade do *algodão Bt* em Punjab, no Paquistão.

4.3.2 Retorno de escala:

Os coeficientes de regressão na estrutura da função de produção Cobb-Douglas são as elasticidades de produção da respectiva variável recurso e a sua soma indica os retornos à escala. Os retornos à escala são crescentes, constantes e decrescentes se a soma dos coeficientes de regressão for maior, igual ou menor que a unidade, respetivamente. O valor da soma dos coeficientes de regressão (Σ bi's) foi observado como sendo 0,509 para o *algodão Bt*, indicando retornos decrescentes à escala ou, por outras palavras, os agricultores da amostra foram observados a operar na segunda zona de produção. Resultados semelhantes são relatados por Kotwal e Leua (2012).

4.3.3 Rácios entre o Valor Marginal do Produto e o Custo Marginal dos Factores na produção de *algodão Bt*:

O produto de valor marginal (MVP) de um determinado recurso representa o acréscimo esperado ao rendimento bruto causado pela adição de uma unidade desse recurso, enquanto os outros factores de produção são mantidos constantes. Para avaliar a eficiência da utilização dos recursos, foram calculados os rácios entre os produtos de valor marginal dos diferentes factores e os respectivos custos dos factores para os produtores *de algodão Bt*. Uma eficiência alocativa (rácio MVP/MFC) superior a 1 indica uma subutilização de um determinado recurso e a possibilidade de aumentar a sua aplicação até que o rácio atinja um. O valor marginal estimado dos produtos (MVP), os custos dos factores e o seu rácio para a cultura do *algodão Bt* foram calculados e os resultados são apresentados no Quadro 4.3.2.

Tabela 4.3.2: Rácio entre o MVP e o MFC nas explorações de *algodão Bt*

Sr. No.	Resources	MVP/MFC Ratio	Resource Use Efficiency
1.	Labour costs (human and bullock)	1.42	Under utilization
2.	Tractor charges	4.40	Under utilization
3.	Seeds	-4.96	Over utilization
4.	Chemical fertilizers	3.01	Under utilization
5.	Plant protection chemicals	-11.40	Over utilization
6.	Irrigation	7.30	Under utilization

Os dados apresentados no Quadro 4.3.2 revelam que o rácio MVP/MFC é mais elevado no caso da irrigação (7,30), seguido dos encargos com tractores (4,40), fertilizantes químicos (3,01) e custos de mão de obra (1,42) nas explorações *de algodão Bt*. Isso significa que o acréscimo de uma rupia nos custos de irrigação, de tração, de fertilizantes químicos e de mão de obra produziria um rendimento de 7,30 rupias, 4,40 rupias, 3,01 rupias e 1,42 rupias, respetivamente, nas explorações de algodão Bt. Assim, os rendimentos brutos da cultura *do algodão Bt* podem ser aumentados através da utilização de um maior número destes factores de produção.

Um fator importante que não está a ser considerado é que a necessidade de água aumenta significativamente no caso das culturas transgénicas. A produção de *algodão Bt* pode ser aumentada fornecendo água à cultura ao nível desejado. Os resultados da eficiência da utilização dos recursos indicaram que os produtores de algodão *Bt* estavam a subutilizar os recursos hídricos, uma vez que o rácio entre o MVP e o MFC era superior à unidade (7,30), o que mostrava que os produtores *de algodão Bt* tinham potencial para aumentar os seus lucros aumentando a utilização da água na cultura *do algodão Bt.*

O fertilizante é um fator de produção muito importante na produção de algodão. A maioria dos solos é deficiente em azoto. Há sempre necessidade de adicionar fertilizantes ao solo para colmatar a deficiência de nutrientes e obter a máxima produção. Para se obter uma produção máxima, é necessário um uso equilibrado de fertilizantes com o nível desejado de nutrientes. Os produtores *de algodão Bt* estavam a subutilizar os recursos de fertilizantes porque o rácio entre o MVP e o MFC para os produtores *de algodão Bt* era superior à unidade, *ou seja,* 3,01 para os fertilizantes. Por conseguinte, os agricultores têm uma oportunidade de aumentar os seus lucros utilizando mais fertilizantes nos seus campos.

A mão de obra é um recurso muito importante na produção de algodão. Os resultados da eficiência da utilização dos recursos mostraram que o rácio entre o MVP e o MFC para os produtores *de algodão Bt* era de 1,42, *ou seja,* o recurso estava a ser subutilizado e havia necessidade de utilizar mais mão de obra em diferentes actividades agrícolas para aumentar o lucro, igualando o MVP ao MFC.

Os resultados da eficiência da utilização dos recursos mostraram que o rácio entre o MVP e o MFC da mão de obra, dos encargos com tractores, dos fertilizantes químicos e da irrigação era superior à unidade. Isto implica que os recursos estavam a ser subutilizados e que é necessário utilizar mais destes insumos para aumentar o lucro, igualando o MVP ao MFC. Por conseguinte, os agricultores têm uma oportunidade de aumentar o seu lucro utilizando mais destes factores de produção nos seus campos. Resultados semelhantes foram registados por Muhammad *et al.*, (2011).

O rácio MVP/MFC foi negativo (-4,96) para as sementes e para os produtos químicos fitossanitários (-11,40), o que indica uma redução do rendimento por cada rupia adicional.

O rácio entre o MVP e o MFC inferior à unidade implicava que o recurso estava a ser utilizado excessivamente. Os rácios para sementes e produtos químicos fitossanitários eram inferiores à unidade, o que indicava claramente o uso excessivo de sementes e produtos químicos fitossanitários, respetivamente. Isto deveu-se à falta de conhecimento e importância da aplicação destes factores de produção entre os cultivadores de algodão *Bt*. Por conseguinte, pode inferir-se que os agricultores podem aumentar os seus lucros reduzindo estes recursos.

4.4 CUSTOS DE COMERCIALIZAÇÃO:

A comercialização do algodão é uma atividade especializada que envolve, por si só, o manuseamento, a embalagem, a circulação dos fardos de algodão, a classificação e os testes de qualidade, etc. Em comparação com outras culturas comerciais, o algodão tem de passar por vários organismos intermediários, uma vez que tem de percorrer um longo caminho antes de chegar ao utilizador final.

A comercialização do algodão começa no final da colheita do algodão e termina depois de a fibra ser adquirida pelos moinhos. Entre estes dois pontos, o algodão passa por várias fases, nomeadamente a venda do algodão nos mercados primário e secundário, o descaroçamento e a transformação, a armazenagem, o transporte para os mercados terminais e a venda da pluma aos moinhos consumidores.

4.4.1 Padrão de comercialização do *algodão Bt* ao nível do agricultor:

A comercialização do *algodão Bt* segue diferentes canais antes de chegar ao consumidor final ou ao transformador. No presente estudo, a comercialização do *algodão Bt* foi efectuada apenas até ao nível do agricultor, devido a certas limitações. Ao nível do agricultor, apenas foram identificados os dois principais canais de comercialização seguintes:

Canal I: Produtor - Comerciante da aldeia (em casa)

Canal II: Produtor - grossista (no estaleiro)

Tabela 4.4.1: Padrão de comercialização do *algodão Bt* ao nível do agricultor

(No. of farmers)

Marketing Agency	Category of Farm				
	Marginal	Small	Medium	Large	Overall
Village Merchants (at home)	26 (60.47)	21 (61.76)	19 (61.29)	17 (47.22)	83 (57.64)
Wholesaler (at market yard)	17 (39.53)	13 (38.24)	12 (38.71)	19 (52.78)	61 (42.36)
Total	43 (100.00)	34 (100.00)	31 (100.00)	36 (100.00)	144 (100.00)

Nota: Os valores entre parênteses indicam as percentagens do número total de inquiridos em cada categoria de exploração

A Tabela 4.4.1 apresenta os detalhes da quantidade comercializada pelo produtor *de algodão Bt* em diferentes grupos de fazendas. Os resultados revelaram que a comercialização *do algodão Bt* ocorreu principalmente através do canal I (57,64%), seguido pelo canal II (42,36%). O canal I foi considerado dominante na região de Vadodara, em comparação com a região de Ahmedabad, porque alguns dos factores importantes que influenciam o preço líquido recebido pelos agricultores são a agência através da qual o produto foi vendido, bem como o local e a hora da venda. As decisões dos agricultores em relação à agência de venda do *algodão Bt* também foram influenciadas por vários factores, como o meio de transporte disponível, a distância e a localização dos mercados, o preço do produto, os custos de transporte, a quantidade comercializável e as condições económicas dos agricultores.

4.4.2 Excedente comercializável:

Quanto maior for a quantidade efetivamente comercializada, maior será o rendimento em dinheiro para o agricultor. Por conseguinte, as culturas passaram também a ser conhecidas como culturas de rendimento, que geram mais rendimentos em dinheiro para os agricultores. Os excedentes comercializáveis ou comercializados dependem do tipo de cultura, ou *seja,* cereais alimentares, outras culturas alimentares ou culturas não alimentares. No caso dos cereais alimentares e de outras culturas alimentares, os excedentes são geralmente menores nas explorações pequenas e marginais e as suas proporções variam muito em função da dimensão da exploração e de outros factores relacionados.

No entanto, no caso das culturas não alimentares, como o algodão, a cana-de-açúcar, etc., que são utilizadas como matéria-prima na indústria de base agrícola, quase toda a produção está disponível para venda, exceto pequenas quantidades mantidas para semente. Nestas culturas, os excedentes comercializáveis são de quase 100%. Estas culturas são designadas por culturas de rendimento ou culturas comerciais *(Fonte: https://www.indiaagronet.com).*

A identificação de certas culturas como culturas comerciais ou de rendimento tem muitas implicações políticas do ponto de vista do desenvolvimento de mercados bem organizados e de outras infra-estruturas, tais como estradas, armazenamento (incluindo armazenamento frigorífico para produtos perecíveis), comunicação, informação sobre o mercado, serviços bancários, etc.

Quadro 442: Padrão de eliminação do algodão *Bt*

(q ha^{-1})

Particulars	Category of Farm				
	Marginal	**Small**	**Medium**	**Large**	**Overall**
Production	21.90 (100.00)	21.03 (100.00)	23.10 (100.00)	27.65 (100.00)	23.39 (100.00)
Utilization					
1. Home purpose	0 (0.00)	0 (0.00)	0 (0.00)	0 (0.00)	0 (0.00)
2. Wage purpose	0 (0.00)	0 (0.00)	0 (0.00)	0 (0.00)	0 (0.00)
3. Damage	0 (0.00)	0 (0.00)	0 (0.00)	0 (0.00)	0 (0.00)
4. Relatives	0 (0.00)	0 (0.00)	0 (0.00)	0 (0.00)	0 (0.00)
Total Utilization (1 to 4)	0 (0.00)	0 (0.00)	0 (0.00)	0 (0.00)	0 (0.00)
Marketable Surplus	21.90 (100.00)	21.03 (100.00)	23.10 (100.00)	27.65 (100.00)	23.39 (100.00)

Nota: Os números entre parênteses indicam as percentagens em relação ao total

O quadro 4.4.2 mostra que o excedente comercializável representava 100,00 por cento da produção total.

4.4.3 Custos de comercialização suportados pelos produtores *de algodão Bt*:

O quadro 4.4.3 apresenta os pormenores relativos aos custos de comercialização incorridos e ao preço líquido realizado pelos produtores *de algodão Bt* em relação a determinadas agências de comercialização.

Tabela 4.4.3: Custos de comercialização incorridos pelos produtores *de algodão Bt*

(Rs. per quintal)

Sr. no.	Items of costs	Village Merchant (at home)	Wholesaler (at Mrkt. Yard)
	Average Price Received	4142.48	4378.46
1	**Loading**	0 (0.00)	30.14 (37.33)
2	**Unloading**	0 (0.00)	3.47 (4.30)
3	**Transportation**	0 (0.00)	45.89 (56.84)
4	**Weighing**	0 (0.00)	1.23 (1.52)
	Total Cost	0 (0.00)	80.73 (100.00)
	Net Price Received	4142.48	4297.73

Nota: Os números entre parênteses indicam as percentagens em relação ao total

O quadro 4.4.3 revela que, quando a produção foi vendida ao comerciante da aldeia, o preço bruto recebido pelo produtor foi de Rs 4142,48 por quintal, e que o produtor *de algodão Bt* não incorreu em qualquer custo de comercialização, uma vez que o comerciante da aldeia abordou o agricultor diretamente em sua casa para comprar a produção. Assim, não havia custos de comercialização quando o produto era vendido através do comerciante da aldeia. Esta prática foi considerada a mais popular entre os agricultores, devido ao facto de o pagamento ser imediato e sem complicações para os produtores e de não haver custos de comercialização incorridos na venda do produto. O quadro mostra que, no caso do grossista, o preço bruto recebido pelo produtor de algodão *Bt* foi de 4378,46 Rs por quintal e o custo total de comercialização foi de 80,73 Rs por quintal. O preço líquido recebido pelo produtor foi de 4297,73 Rs por quintal. Quando o produto foi vendido através de um grossista, foram observadas várias componentes do custo de comercialização, entre as quais o custo de transporte representava a parte mais elevada (56,84%), seguido das despesas de carregamento (37,33%), das despesas de descarregamento (4,30%) e das despesas de pesagem (1,52%) do custo total de comercialização. Durante o estudo, observou-se também que a maioria dos produtores preferia vender os seus produtos aos comerciantes da aldeia, devido ao facto de estes efectuarem um pagamento imediato e sem complicações e de não incorrerem em custos de comercialização durante a venda dos produtos.

4.5 PERCEPÇÕES DOS AGRICULTORES SOBRE AS VÁRIAS DIMENSÕES DO IMPACTO DA TECNOLOGIA *BT*

As percepções dos agricultores sobre o impacto da tecnologia *do algodão Bt* em várias dimensões foram apuradas e analisadas em termos de "positivo", "neutro" e "negativo" e os resultados foram apresentados no Quadro 4.5.1.

Tabela 4.5.1: Percepções dos agricultores sobre o impacto da *tecnologia* Bt

(Per cent of sample respondents)

Impact Indicators	Positive	Neutral	Negative
Yield Enhancement:			
Main product	95.83	4.17	0.00
By-product	27.08	72.22	0.69
Cost reduction	74.31	11.11	14.58
Improvement in environmental factors:			
Soil texture	56.94	40.97	2.08
Soil moisture/Water demand	22.22	75.69	2.08
Soil/Water quality	56.94	40.97	2.08
Soil micro flora	12.50	85.42	2.08
Bollworm	89.58	10.42	0.00
Sucking pests	61.81	16.67	21.53
Diseases	61.81	29.86	8.33
Use of insecticides	90.97	9.03	0.00
Impact on beneficial insects	51.39	48.61	0.00
Improvement in farm level social-economic factors:			
Standard of living	75.69	16.67	7.64
Farm income	77.08	15.97	6.94
Educational level	74.31	18.06	7.64
Employment	76.39	16.67	6.94
Equity	52.08	46.53	1.39
Enhanced sustainability in resource use	51.39	47.12	1.39
Saving of time/season	70.14	13.19	16.67
Improvement in quality of output:			
Main product	97.22	2.08	0.69
By-product	69.44	29.17	1.39
Complementary enterprise/resource use	56.25	43.75	0.00
Eco-friendliness	70.14	29.17	0.69

No que respeita ao rendimento, os agricultores consideraram que a tecnologia *do algodão Bt* teve um impacto positivo muito elevado no rendimento do produto principal (95,83%). Também estavam confiantes de que a tecnologia proporcionava uma redução de custos (74,31%). Entre todos os factores ambientais, a utilização de insecticidas e a incidência de bollworms foram grandemente influenciadas pela tecnologia *do algodão Bt*, uma vez que 90,97% dos inquiridos referiram que a quantidade de insecticidas utilizados no *algodão Bt* tinha diminuído ao longo dos anos. No que respeita ao papel do *algodão Bt* na minimização do ataque de bollworms, 89,58% dos agricultores opinaram que *o algodão Bt* reduziu o ataque de bollworms. Quanto à questão do impacto dos insectos benéficos, os agricultores mostraram-se indecisos.

Na categoria de factores socioeconómicos, os agricultores opinaram que havia um impacto positivo e significativo da *tecnologia Bt* no seu rendimento agrícola (77,08%), no emprego (76,39%), nível de vida (75,69%), nível de instrução (74,31%), poupança de tempo (70,14%) e equidade (52,08%). Shelton *et al.* (2002) referiram que os riscos para o ambiente e a saúde devem ser considerados numa avaliação de impacto exaustiva e que as culturas *Bt* não representam riscos significativos para o ambiente ou para a saúde humana e que as suas externalidades positivas excedem as potenciais externalidades negativas.

Entre várias outras dimensões do impacto, a sustentabilidade da utilização dos recursos e a qualidade da produção do produto principal e dos subprodutos foram positivamente influenciadas pela introdução da tecnologia *do algodão Bt.*

O impacto global do *algodão Bt*, tal como percebido pelos agricultores, é considerado positivo e bastante significativo em termos de aumento do rendimento, redução da incidência de pragas e doenças, aumento do rendimento, do emprego, da educação e do nível de vida e redução dos riscos para a saúde, embora se exija atenção da investigação para a incorporação da resistência/tolerância à *Spodoptera* e ao crisomelídeo.

Os resultados do presente estudo estão em consonância com as conclusões de Shah (2007), Anonymous (2011), Kiresur e Ichangi (2011) e Haque *et al.* (2015).

4.6 CONSTRANGIMENTOS ENFRENTADOS PELOS PRODUTORES *DE ALGODÃO BT*:

O desenvolvimento de novas tecnologias agrícolas não traz benefícios por si só. É necessário que as novas tecnologias sejam transferidas para os campos dos agricultores. No passado, as tecnologias melhoradas foram desenvolvidas a um ritmo acelerado. No entanto, a adoção de tecnologias ao ritmo desejado só se verificou em algumas regiões e culturas específicas. A adoção de tecnologias no domínio do *algodão Bt* tem sido dificultada por alguns condicionalismos. Embora alguns agricultores consigam obter rendimentos elevados com a ajuda de novas tecnologias, dificilmente alcançaram o sucesso obtido a nível experimental.

Os problemas dos produtores *de algodão Bt* foram identificados através de perguntas fechadas. Com base na frequência e percentagem dos inquiridos, a intensidade dos problemas foi avaliada e a classificação foi feita como se mostra no Quadro 4.6.1.

Tabela: 4.6.1: Constrangimentos enfrentados pelos produtores *de algodão Bt*

Rank	Problems/Constraints	Marginal (43)	Small (34)	Medium (31)	Large (36)	Overall (144)
		Production Constraints				
1	Non availability of agricultural labour during peak seasons	31 (72.09)	27 (79.41)	25 (80.65)	28 (77.78)	111 (77.08)
2	Lack of availability and high cost of recommended fertilizers	37 (86.05)	24 (70.59)	18 (58.06)	22 (61.11)	101 (70.14)
3	High incidence of sucking insects-pests	37 (86.05)	26 (76.47)	22 (70.97)	16 (44.44)	101 (70.14)
4	Lack of knowledge about recommended package of practices or of technical guidance	38 (88.37)	28 (82.35)	20 (64.52)	13 (36.11)	99 (68.75)
5	High incidence of attack from bollworms	30 (69.77)	24 (70.59)	20 (64.52)	16 (44.44)	90 (62.50)
6	Growth of weeds	22 (51.16)	20 (58.82)	18 (58.06)	16 (44.44)	76 (52.78)
7	Lack of availability of recommended plant protection chemicals	25 (58.14)	18 (52.94)	13 (41.94)	12 (33.33)	68 (47.22)
8	High incidence of disease attack	18 (41.86)	14 (41.18)	11 (35.48)	9 (25.00)	52 (36.11)
9	Lack of irrigation facilities	11 (25.58)	5 (14.71)	3 (9.68)	3 (8.33)	22 (15.28)
10	Non availability of quality seeds of *Bt*-cotton in time	2 (4.65)	1 (2.94)	0 (0.00)	3 (8.33)	6 (4.17)
		Marketing Constraints				
1	Fluctuation in market prices	43 (100.00)	34 (100.00)	31 (100.00)	36 (100.00)	144 (100.00)
2	Lack of cheap and efficient transportation facilities	20 (46.51)	17 (50.00)	15 (48.39)	12 (33.33)	64 (44.44)
3	Lack of storage facilities	27 (62.79)	19 (55.88)	9 (29.03)	3 (8.33)	58 (40.28)
4	Long distance of market	8 (18.60)	7 (20.59)	11 (35.48)	7 (19.44)	33 (22.92)
5	Lack of marketing facilities at village level	4 (9.30)	3 (8.82)	5 (16.13)	1 (2.78)	13 (9.03)
6	Lack of grading and standardization	6 (13.95)	2 (5.88)	4 (12.90)	1 (2.78)	13 (9.03)
7	Irregular payment for sale	1 (2.33)	1 (2.94)	0 (0.00)	0 (0.00)	2 (1.39)
		Economic Constraints				

1	High cost of quality *Bt* seeds	43 (100.00)	30 (88.24)	25 (80.65)	29 (80.56)	127 (88.19)
2	High cost of fertilizers	38 (88.37)	24 (70.59)	22 (70.97)	20 (55.56)	104 (72.22)
3	High cost of pesticides	37 (86.05)	23 (67.65)	22 (70.97)	19 (52.78)	101 (70.14)
4	High cost of labour	28 (65.12)	26 (76.47)	21 (67.74)	19 (52.78)	94 (65.28)
6	High cost of credit	43 (100.00)	22 (64.71)	16 (51.61)	10 (27.78)	91 (63.19)
5	High cost of irrigation	19 (44.19)	8 (23.53)	7 (22.58)	4 (11.11)	38 (26.39)
7	Non-availability of credit in time	0 (0.00)	0 (0.00)	0 (0.00)	0 (0.00)	0 (0.00)

Nota: Os valores entre parênteses indicam as percentagens do número total de inquiridos em cada categoria de exploração.

No processo de desenvolvimento agrícola, o gene *Bt* é considerado como a nova tecnologia agrícola. O benefício de tal tecnologia só é efetivamente obtido quando os agricultores individuais, na sua situação local, a utilizam eficientemente. Os agricultores enfrentam um grande número de condicionalismos que, em última análise, são responsáveis pelo baixo rendimento, especialmente no caso da produção de algodão. Os condicionalismos foram estudados no que respeita à produção e à comercialização.

Os resultados revelaram que, em média, a indisponibilidade de mão de obra agrícola durante as épocas altas foi o problema mais grave sentido pela maioria dos produtores (77,08%). Isso pode ser atribuído à razão de que a maioria dos trabalhadores não estava disposta a trabalhar com a taxa salarial prevalecente, pois estavam muito interessados em trabalhar no sector não agrícola, pois recebiam bons salários comparativamente. Problemas como a falta de disponibilidade e o elevado custo dos fertilizantes recomendados e a elevada incidência de insectos sugadores foram enfrentados por 70,14% dos agricultores, que afirmaram que, com a introdução do *algodão Bt*, embora os danos provocados pelo bollworm tenham diminuído, houve um aumento dos danos provocados por pragas sugadoras, como pulgões, jassídeos, tripes, moscas brancas e cochonilhas. Os problemas de falta de orientação técnica foram enfrentados por 68,75% dos agricultores. 62,50% dos agricultores sentiram o problema da elevada incidência de ataques de bollworms. Este problema é atribuído principalmente ao facto de *o gene Bt* ter começado a mostrar resistência contra o bollworm rosa como um fator natural desde os últimos três anos. O ataque de bollworms rosa foi encontrado em todas as regiões da área de estudo, exceto em Dhandhuka taluka no distrito de Ahmedabad. Outros grandes problemas de produção enfrentados pelos produtores *de algodão Bt* foram a infestação de ervas daninhas (52,78%) e a falta de disponibilidade de produtos químicos fitossanitários recomendados (47,22%). Apenas 4,17 por cento dos inquiridos encontraram o problema da não disponibilidade de sementes de qualidade de *algodão Bt* a tempo, uma vez que os agricultores foram capazes de obter sementes *de algodão Bt* a tempo a partir de centros agrícolas próximos. Curiosamente, poucos agricultores da aldeia de Anjesar compraram sementes *de algodão Bt* online no sítio Web www.agrostar.in.

No que respeita às restrições de comercialização, a flutuação dos preços de mercado foi o problema mais grave sentido por todos os produtores *de algodão Bt* (100,00 por cento). Como os agricultores observaram preços baixos e flutuantes do algodão ao longo dos anos, isso poderia tornar a produção de algodão arriscada e não remuneradora em alguns anos. A falta de meios de transporte baratos e eficientes foi o segundo maior problema enfrentado por 44,44% dos agricultores, seguido pela falta de instalações de armazenamento (40,28%) e pela longa distância do mercado (22,92%). Além disso, apenas 9,03% dos agricultores enfrentaram o problema da falta de instalações de comercialização a nível da aldeia e da falta de classificação e normalização. Apenas 1,39% dos produtores *de Bt* foram observados a enfrentar o problema do pagamento irregular da venda. Isto pode dever-se ao facto de os agricultores receberem dinheiro imediato quando vendem o algodão ao comerciante da aldeia ou ao estaleiro de comercialização.

Quanto aos constrangimentos económicos, o custo elevado das sementes *Bt* de qualidade foi observado como o constrangimento mais importante (88,19 por cento), seguido do custo elevado dos fertilizantes (72,22 por cento), do custo elevado dos pesticidas (70,14 por cento) e do custo elevado da mão de obra (65,28 por cento). Os agricultores também opinaram que o custo da mão de obra tem vindo a aumentar ao longo dos anos devido à escassez de mão de obra. Verificou-se uma subida acentuada dos encargos com a mão de obra. Em média, a taxa salarial foi observada em cerca de 120-180 por dia. A análise revelou ainda que cerca de 63,19% dos agricultores enfrentavam o problema do elevado custo do crédito. Os resultados deste estudo estão em consonância com as conclusões de Visawadia *et al.* (2006), Darandale *et al.* (2011), Kotwal e Leua (2012) e Haque *et al.* (2015).

4.7 Âmbito do estudo:

O resultado do estudo é útil para os agricultores, cientistas e também para os decisores políticos. O estudo pode também ser um feedback para os cientistas, pois os resultados são uma forma de abrir os olhos para reorientar as suas abordagens, popularizando esta tecnologia *Bt* ecológica, económica, socialmente aceitável e sustentável entre a comunidade agrícola. Os resultados do estudo são úteis para identificar os pontos de estrangulamento na implementação da *tecnologia Bt*, para além da listagem dos constrangimentos a nível dos agricultores.

4.8 Limitações do estudo:

1) Devido a limitações de recursos, apenas dois distritos foram selecionados para o estudo. O estudo limitou-se aos distritos de Ahmedabad e Vadodara, no centro de Gujarat.

2) Apenas um número limitado de aldeias foi selecionado para o estudo, pelo que os resultados podem não ser replicáveis numa área alargada.

3) As informações foram recolhidas através de entrevistas pessoais com os produtores individuais *de algodão Bt*. É necessário ter em conta que os dados fornecidos pelos inquiridos não se baseiam em registos contabilísticos precisos, mas apenas na perceção individual e na opinião pessoal dos inquiridos.

4) O estudo baseia-se em dados primários. Por conseguinte, aplicam-se obviamente as limitações relativas aos dados primários.

5) Durante o período de referência, registaram-se enormes danos nas culturas provocados pelo bollworm rosa em alguns talukas específicos da área de estudo. Assim, os resultados globais obtidos podem não refletir a imagem real de algumas partes da área estudada.

CAPÍTULO 5

RESUMO E CONCLUSÕES

Este capítulo apresenta uma descrição sucinta do estudo, os principais resultados, conclusões e sugestões.

O algodão, popularmente conhecido como "ouro branco", tem sido uma importante cultura comercial não só na Índia, mas também em todos os países onde é cultivado. A Índia tem a maior área cultivada de algodão do mundo e representa 46% da área total de algodão biotecnológico plantada a nível mundial. No período de 13 anos entre 2002 e 2014, a Índia triplicou a produção de algodão de 13 milhões de fardos para 40 milhões de fardos. O algodão tem um grande mercado para as empresas de sementes *de algodão Bt*, empresas de pesticidas e fornecedores de crédito não institucionais. A Índia duplicou a sua quota de mercado na produção mundial de algodão, passando de 12% em 2002 para 25% em 2014, o que representa um quarto da produção mundial total de algodão. A comercialização do *algodão Bt* aumentou 230 vezes, passando de 50 000 hectares em 2002 para 11,6 milhões de hectares em 2014. Muitos agricultores que cultivaram esta cultura ficaram satisfeitos com o seu bom desempenho.

A ideia básica subjacente à seleção deste tópico era analisar o custo de cultivo e os rendimentos por hectare da cultura de *algodão Bt*, a eficiência da utilização dos recursos, os custos de comercialização e as limitações de comercialização.

Ao contrário do que acontece com outras culturas, *o algodão Bt* parece ter atraído a atenção de decisores políticos, investigadores, agricultores e comerciantes. As vantagens esperadas do *algodão Bt*, de diferentes perspectivas, incluindo a económica, parecem estar a mudar e, por conseguinte, exigem estudos mais frequentes em todas as regiões. Além disso, até à data, foram realizados muito poucos estudos sobre a economia do *algodão Bt*.

Isto conduziu ao presente estudo, intitulado **"An Economic Analysis of *Bt-Cotton* in Middle Gujarat"**.

5.1 OBJECTIVOS:

1) Estudar o custo de cultivo e os rendimentos por hectare da cultura de *algodão Bt*,

2) Estudar a eficiência da utilização de recursos da cultura de *algodão Bt*,

3) Estudar a comercialização da cultura de *algodão Bt* a nível dos agricultores,

4) Analisar as dimensões do impacto da *tecnologia Bt* através da perceção dos agricultores e

5) Estudar os condicionalismos enfrentados pelos produtores *de algodão Bt.*

5.2 METODOLOGIA:

A zona de cultivo de algodão do Médio Gujarat foi selecionada propositadamente. Entre os nove distritos desta zona, foram selecionados os distritos de Ahmedabad e Vadodara, por constituírem a maior área cultivada com algodão. Foram selecionados dois talukas de cada distrito com as superfícies mais elevadas de algodão*, nomeadamente* Dhandhuka, Dholka, Karjan e Savli. Assim, foram selecionados quatro talukas no total.

Foram escolhidas aleatoriamente doze aldeias, cada uma com três aldeias dos talukas de Dhandhuka, Dholka, Karjan e Savli.

Considerando o tamanho da população e os recursos, 144 cultivadores (43 marginais, 34 pequenos, 31 médios e 36 grandes) foram selecionados aleatoriamente com atribuição proporcional das aldeias selecionadas. Os dados primários necessários para o estudo foram recolhidos através de entrevistas pessoais com a ajuda de calendários estruturados pré-testados dos agricultores nos meses de fevereiro e março de 2016 para o ano agrícola de 2015-16.

No que diz respeito às ferramentas analíticas, foram utilizadas as seguintes técnicas para analisar os objectivos estipulados. Percentagem e rácios, conceitos de custos e estimativa de factores de produção, tal como estabelecido no estudo de gestão agrícola*, ou seja*, Custo-A, B, C1 e C2, função de produção Cobb-Douglas e rácio MVP/MFC.

5.3 PRINCIPAIS CONCLUSÕES:

As principais conclusões do estudo são resumidas a seguir.

5.3.1 Caraterísticas socioeconómicas :

5.3.1.1 A idade média dos inquiridos era de 47 anos. A maioria dos produtores *de algodão Bt* (63,89 por cento) era de meia-idade (35-50 anos), enquanto cerca de 25,69 por cento dos produtores estavam na faixa etária mais velha (acima de 50 anos).

5.3.1.2 A dimensão média da família dos produtores *de algodão Bt* era de 6 pessoas. Cerca de 15,60 por cento dos membros da família constituíam a mão de obra agrícola e a proporção de homens era superior (11,39 por cento) à das mulheres (4,21 por cento).

5.3.1.3 Cerca de 85,42% dos cultivadores *de algodão Bt* eram alfabetizados e os restantes 14,58% eram analfabetos.

5.3.1.4 Entre as diferentes ocupações, mais de 40 por cento dos cultivadores *de algodão Bt* adoptaram a agricultura, seguida conjuntamente por F+AH (44,44 por cento), F+AH+B (2,78 por cento) e F+AH+S (3,47 por cento).

5.3.1.5 A maioria dos produtores *de algodão Bt* na área de estudo estava associada a mais do que uma organização. Os agricultores marginais e os pequenos agricultores tinham comparativamente mais participação na sociedade cooperativa de leite (25,69%), seguida pela seva sahkari (16,67%) e pelo panchayat da aldeia (12,50%).

5.3.1.6 A área média explorada por exploração foi de 5,60 hectares e variou entre 0,93 hectares nas explorações marginais e 16,45 hectares nas grandes explorações. A média da área total cultivada *com algodão Bt* foi de 3,04 hectares (54,25%).

5.3.1.7 A maioria dos agricultores inquiridos (68,05%) tinha até 10 anos de experiência no cultivo de *algodão Bt*, enquanto 31,94% dos agricultores tinham 11 a 15 anos de experiência.

5.3. 2Análise de custos e retornos:

5.3.2.1 O custo total médio de cultivo (Custo C2) do *algodão Bt* por hectare foi de Rs 69372. Verificou-se que o custo mais alto foi em grandes fazendas (Rs 73687), seguido por fazendas médias (Rs 72376), pequenas fazendas (Rs 67427) e fazendas marginais (Rs 65131). Em média, o Custo A (custo pago) formou 59,43 por cento do custo total, enquanto o Custo B representou 86,05 por cento do custo total.

Além disso, a repartição do custo total nas explorações de amostragem indicou que, por hectare, as despesas com o custo do trabalho humano ocupavam o primeiro lugar, com 15,52% do custo total, uma vez que *o algodão Bt* requer um maior número de trabalhadores para a sementeira de sementes, a aplicação de fertilizantes e produtos químicos fitossanitários e a monda. As despesas mais elevadas com outros factores de produção foram observadas nos fertilizantes químicos (12,31%), seguidos das despesas de irrigação (7,22%), mão de obra (6,04%), custo das sementes (5,37%), despesas com tractores (5,09%), produtos químicos fitossanitários (2,70%), adubos (2,19%), depreciação (2,15%), custos de colheita (0,93%) e custos diversos (0,38%). A despesa mais elevada não pagável mas contabilizada foi o valor do aluguer de terras próprias (20,50%), seguida dos custos de gestão (9,09%), dos juros sobre o capital fixo (6,12%) e dos juros sobre o capital de exploração (4,40%).

5.3.2.2 O rendimento médio do *algodão Bt* foi de 23,39 quintais por hectare. O rendimento variou entre 21,90 quintais por hectare nas explorações marginais e 27,65 quintais por hectare nas grandes explorações. O preço médio de colheita por quintal recebido pelos produtores *de algodão Bt* foi de Rs 4242. Os grandes produtores obtiveram preços mais elevados por quintal (4320 rupias), seguidos dos médios (4236 rupias), dos marginais (4224 rupias) e dos pequenos produtores (4187 rupias). O rendimento bruto médio global por hectare nas explorações *de algodão Bt* ascendeu a 99230 rupias, variando entre 92509 rupias nas explorações marginais e 119471 rupias nas grandes explorações.

5.3.2.3 Em média, o rendimento líquido por hectare das explorações *de algodão Bt* nos custos A, B, C1 e C2 foi de Rs 58003, Rs 39537, Rs 36165 e Rs 29858, respetivamente.

5.3.2.4 O rendimento global por hectare das explorações agrícolas, o rendimento do trabalho familiar e o rendimento dos investimentos nas explorações agrícolas foram de Rs 58003, Rs 39537 e Rs 48324, respetivamente, nas explorações da amostra.

5.3.2.5 O custo médio de produção (Custo C2) foi de 2965 Rs por quintal e variou de 2974 Rs nas explorações marginais a 2664 Rs nas grandes explorações.

5.3. 3Análise da função de produção :

5.3.3.1 A análise da função de produção indicou que os custos de mão de obra, fertilizantes químicos e irrigação tiveram uma influência significativa no rendimento. Isto implicou que um aumento de 1 por cento na utilização destes factores de produção levou a um aumento de 0,217, 0,193 e 0,313 por cento no rendimento bruto da cultura, respetivamente.

5.3.3.2 O valor do coeficiente de determinações múltiplas (R^2) foi de 0,359, o que mostra que 35,9% da variação da receita bruta foi explicada pelas variáveis explicativas incluídas na função.

5.3.3.3 A soma do coeficiente de regressão (∑bi' s) foi (0,509) indicando retornos decrescentes à escala e, por outras palavras, os agricultores da amostra foram observados a operar na segunda zona de produção.

5.3.3.4 O rácio entre o MVP e o MFC da mão de obra, encargos com tractores, fertilizantes químicos e irrigação foi superior à unidade, indicando que os agricultores têm uma oportunidade de aumentar o seu lucro utilizando mais destes insumos nos seus campos.

5.3.4 Custos de comercialização ao nível do agricultor:

5.3.4.1 Como *o algodão Bt* é uma cultura orientada para o mercado, quase 100% da produção foi comercializada.

5.3.4.2 O produtor para o comerciante da aldeia (em casa) foi o principal canal de comercialização, uma vez que mais de 50% do *algodão Bt* passou por esta via. Os resultados revelaram que quando a produção foi vendida ao comerciante da aldeia, o preço bruto recebido pelo produtor *de* algodão *Bt* foi de Rs 4142,48 por quintal, enquanto o preço bruto recebido pelo produtor *de algodão Bt* foi de Rs 4378,46 por quintal e o custo total de comercialização foi de Rs 80,73 por quintal quando a produção foi vendida ao grossista (no pátio do mercado). Quando o produto foi vendido através do grossista, foram observadas várias componentes do custo de comercialização, entre as quais o custo de transporte representava a parte mais elevada (56,84%), seguido das despesas de carregamento (37,33%), das despesas de descarregamento (4,30%) e das despesas de pesagem (1,52%) do custo total de comercialização. O preço líquido recebido pelo produtor foi de Rs 4297,73 por quintal.

5.3.5

5.3.5.1 **Percepções dos agricultores sobre várias dimensões do impacto da tecnologia *Bt*:** O impacto do *algodão Bt*, na perceção dos agricultores, traduziu-se num aumento da produção, na redução da incidência de pragas e doenças, no aumento dos rendimentos, do emprego, da educação e do nível de vida e na redução dos riscos para a saúde. Para fomentar a adoção, os organismos de desenvolvimento devem prestar mais atenção à qualidade e à quantidade de sementes *de algodão Bt* disponíveis para os agricultores, enquanto os investigadores devem prestar atenção à incorporação da resistência/tolerância à *Spodoptera* e ao crisomelídeo.

5.3.6 Produção, comercialização e limitações económicas:

5.3.6.1 A indisponibilidade de mão de obra agrícola durante as épocas altas, a elevada incidência de ataques de insectos sugadores e de bollworms, a flutuação dos preços de mercado, a falta de meios de transporte, o elevado custo das sementes *Bt* de qualidade e o elevado custo dos fertilizantes e pesticidas foram os principais constrangimentos encontrados pelos produtores *de algodão Bt*.

5.4 SUGESTÕES:

5.4.1 Existe uma grande potencialidade de aumentar a produção de *algodão Bt* nas explorações agrícolas da amostra através da adoção de tecnologias melhoradas e novas, juntamente com a utilização óptima de recursos como trabalho humano, sementes, fertilizantes químicos e irrigação com melhores práticas de gestão.

5.4.2 Durante o estudo, foi encontrado um nível médio de educação entre os produtores *de algodão Bt*. Dado que o nível de instrução contribui para a adoção, a mudança socio-técnica e económica e a modernização geral, deve ser dada prioridade à melhoria do nível de instrução existente.

5.4.3 O bollworm rosa começou a mostrar resistência à *tecnologia Bt*, havendo uma necessidade extrema de aumentar a produtividade das culturas. Por conseguinte, são necessárias tecnologias mais inovadoras e de elevado rendimento, bem como o desenvolvimento de variedades resistentes, para que a cultura do algodão possa ser protegida contra um vasto espetro do complexo de bollworms e spodoptera, tornando *o algodão Bt* mais remunerador e sustentável.

5.4.4 A água é um recurso escasso em todo o mundo. A utilização sensata da água disponível é, no entanto, uma questão de gestão e, por conseguinte, deve ser utilizada pelos agricultores não só de forma óptima, mas também no momento necessário para aumentar os níveis de produção *do algodão Bt*.

5.4.5 A diminuição da mão de obra na agricultura e a indisponibilidade de mão de obra, especialmente durante a época alta das colheitas, é um problema crescente. O rápido aumento do custo da mão de obra está a agravar a situação. A promoção da mecanização na cultura do *algodão Bt* parece ser uma escolha lógica, dado que se pretende melhorar os rendimentos, a qualidade da fibra, a rentabilidade e resolver o problema da mão de obra. As agências de extensão agrícola que operam na área de estudo precisam de ser reforçadas para educar a comunidade agrícola relativamente à utilização judiciosa dos factores de produção agrícola, de acordo com as práticas recomendadas.

5.4.6 O sistema de comercialização também afecta o rendimento dos agricultores. Depois de produzirem algodão *Bt*, os agricultores enfrentaram uma série de constrangimentos de comercialização, o que indica uma situação de comercialização agrícola imprópria e inadequada na área de estudo. Dado que as flutuações dos preços de mercado constituíam o principal problema de todos os cultivadores *de algodão Bt* na zona de estudo, ajudar os produtores de algodão, assegurando-lhes um preço remunerador para os seus produtos e protegendo assim os seus interesses, pode contribuir muito para resolver este problema. Devem também ser tomadas as medidas necessárias para que os agricultores possam transportar os seus produtos para a APMC. É necessário disponibilizar aos produtores *de algodão Bt* informações sobre o mercado e apoio logístico para melhorar a comercialização do *algodão Bt* e, eventualmente, ajudar os agricultores a aumentar os seus rendimentos.

5.4.7 No que diz respeito à importância das sementes de qualidade no *algodão Bt*, nunca é demais sublinhar. Quase 90 por cento dos agricultores inquiridos enfrentam o problema do elevado custo das sementes *Bt* de qualidade. Por isso, *as sementes Bt* devem ser disponibilizadas aos agricultores atempadamente e a preços razoáveis.

5.4.8 O crédito institucional é um fator crucial para a cultura *do algodão Bt*. Cerca de 60% dos agricultores enfrentam o problema do elevado custo do crédito institucional e, por conseguinte, o governo deveria aperfeiçoar o sistema de crédito agrícola para impulsionar o cultivo do *algodão Bt*. Este aspeto torna-se ainda mais importante face à crescente resistência do bollworm cor-de-rosa à *tecnologia Bt*.

BIBLIOGRAFIA

Agarwal, N. L. (1998). Marketing Costs, Margins and Price Spread for Major Agricultural Commodities of Rajasthan. *Indian Journal of Agricultural Marketing. (Conf.Spl.)*, **12** (3): 122132.

Anónimo (2006). *Bt-Cotton* in India - A Status Report. Consórcio Ásia-Pacífico sobre Biotecnologia Agrícola, Nova Deli, Índia.

Anónimo (2011). Estudo sobre a Avaliação do Impacto Socioeconómico do *Algodão Bt* na Índia. Conselho de Desenvolvimento Social, encomendado por Bharat Krishak Samaj, Nova Deli.

Anónimo (2015). District-wise Area, Production and Yield per Hectare of Important food and nonfood crops in Gujarat State, Directorate of Agriculture, Gujarat State, Gandhinagar.

Anónimo (2016). Relatório anual, 2015-16, Departamento de Agricultura, Cooperação e Bem-Estar dos Agricultores, Ministério da Agricultura e Bem-Estar dos Agricultores, Governo da Índia, Krishi Bhawan, Nova Deli.

Ashok, K. R.; Uma, K.; Prahadeeswaran, M. e Jeyanthi, H. (2012). Impacto económico e ambiental do *algodão Bt* na Índia. *Ind. Jn. of Agri. Econ.*, **67** (3): 405-428.

Balaji, P.; Padmanaban, N. R.; Sivakumar, S. D. e Chinnaiyan, P. (2001). Price Spread, Marketing Efficiency and Constraints in Marketing of Groundnut in Tiruvannamalai, Tamil Nadu. *Ind. Jour. Agril. Mktg.*, **15** (2): 36-42.

Balakrishna, A. (2012). Economia do *algodão Bt* na Índia. *Jornal de Desenvolvimento e Economia Agrícola,* **4** (5): 119-124.

Bennett, R.; Kambhampati, U.; Morse, S.; e Ismael, Y. (2006). Farm-Level Economic Performance of Genetically Modified Cotton in Maharashtra, India (Desempenho económico a nível da exploração agrícola do algodão geneticamente modificado em Maharashtra, Índia). *Review of Agricultural Economics,* **28** (1): 59-71.

Birla, H.; Meena, L. K.; Lakra, K.; Bairwa, S. L. e Beohar, B. B. (2014). Estudo sobre a comercialização de algodão no distrito de Khargone de Madhya Pradesh; Índia. *Jornal de Avanços Recentes na Agricultura,* **2** (6): 244-251.

Chakraborty, K.; Misra, S. e Johnson, P. (2002). Cotton Farmers' Technical Efficiency: Stochastic and Nonstochastic Production Function Approaches. *Agricultural and Resource Economics Review,* **31/2**: 211-220.

Choudhary, B. e Gaur, K. (2015). Algodão Biotecnológico na Índia, 2002 a 2014. Adoção, Impacto, Progresso e Futuro, Série *ISAAA* de Perfis de Culturas Biotecnológicas.

Christain, B. M.; Vyasa, H. V. e Patil, K. F. (2004). Constrangimentos enfrentados pelos produtores de algodão. *J. Extn. Edu.,* **11** (1): 13-14.

Clive, J. (2014). Status global de culturas biotecnológicas / GM comercializadas: 2014. *ISAAA Brief No. 49.* ISAAA: Ithaca, Nova Iorque.

Darandale, A. A.; Bhatt, P. M. e Patel, N. P. (2011). Constrangimentos enfrentados pelos produtores de algodão na gestão do cultivo de algodão. *Gujarat Journal of Extension Education,* **22**: 80-82.

Dodamani, M. T.; Kunnal, L. B. e Basavaraja, H. (2009). Resource Use Efficiency in Organically Produced Naturally Coloured Cotton under Contract Farming (Eficiência na Utilização de Recursos em Algodão Naturalmente Colorido Produzido Organicamente sob Agricultura Contratada). *Karnataka J. Agric. Sci.,* **22** (5): 1041-1045.

Gaddi, G. M.; Mundinamani, S. M. e Patil, S. A. (2002). Yield Gaps, Constraints and Potential in Cotton Production in North Karnataka - An Econometric Analysis (Lacunas de rendimento, limitações e potencial na produção de algodão no Norte de Karnataka - uma análise econométrica). *Indian Journal of Agricultural Economics,* **57** (4): 722-734.

Gamanagatti, P. (2011). Economia do cultivo de *algodão Bt* - uma análise comparativa em diferentes tamanhos de fazendas na zona de transição do norte, Karnataka. *Dissertação de Mestrado (Agri.),* (Não publicada), Univ. Agril. Sci., Dharwad.

Gandhi, V. P. e Namboodiri, N. V. (2006). The Adoption and Economics of *Bt-Cotton* in India: Preliminary Results from a Study. Publicação CMA, Instituto Indiano de Gestão - Ahmedabad.

Gowdru, N. V.; Arunkumar, Y. S. e Bharamappanavara, S. C. (2014). Análise de sustentabilidade do algodão *Bt-* e do algodão não *Bt* no sul da Índia. *J. Cotton Res. Dev,* **28** (2): 346-349.

Haque, T.; Bhattacharya, M. e Goyal, A. (2015). *Avaliação do Impacto Socioeconómico do Algodão Bt na Índia.* Publicado para o Conselho para o Desenvolvimento Social, Nova Deli.

Hosmath, J. A.; Biradar, D. P.; Patil, V. C.; Palled, Y. B.; Malligawad, L. H.; Patil, S. S.; Alagawadi, A. R. e Vastrad, A. S. (2012). Uma análise de pesquisa sobre as vantagens e restrições do cultivo de *algodão Bt* no norte de Karnataka. *Karnataka J. Agric. Sci.,* **25** (1): 140-141.

Huang, J.; Hu, R.; Fan, C.; Pray, C. E. e Rozelle, S. (2002). *Bt-Cotton* Benefits, Costs, and Impacts in China (Benefícios, custos e impactos *do algodão Bt* na China). *AgBioForum,* **5** (4): 153-166.

Hugar, L. B. e Patil, B. V. (2007). *Research Report on Techno-economic Impact of Bt-Cotton Technology in Karnataka State,* (Não publicado), Universidade de Ciências Agrícolas, Dharwad.

Kathage, J. e Qaim, M. (2012). Impactos económicos e dinâmica de impacto do algodão *Bt (Bacillus thuringiensis)* na Índia. Actas da Academia Nacional de Ciências dos Estados Unidos da América doi/10.1073/ pnas.

Katole, R. T.; Bhople, R. S. e Shinde, P. S. (1998). Constrangimentos na adoção de medidas de proteção fitossanitária para o algodão híbrido. *Maharashtra Jour. of Extn. Edn.,* **17**: 349-351.

Kiresur, V. R. e Ichangi, M. (2011). Impacto socioeconómico do *algodão Bt* - um estudo de caso de Karnataka. *Agricultural Economics Research Review,* **24**: 67-81.

Kotwal, J. e Leua, A. (2014). Uma análise da economia e da eficiência do uso de recursos do algodão: Um caso de algodão *Bt* e não *Bt* no sul de Gujarat. *O Jornal Indiano de Pesquisa Anvikshiki,* **8** (3): 18-28.

Krishnaiah, J. (1998). An Empirical Analysis of Cotton Marketing in Warangal District of Andhra Pradesh (Análise empírica da comercialização do algodão no distrito de Warangal de Andhra Pradesh). *Ind. Jour. of Agril. Mktg.,* **12** (1&2): 6-15.

Kumari, S. (2014). A perceção do agricultor sobre a comercialização de *algodão Bt* no distrito de Hisar. *Revista Internacional de Pesquisa Emergente em Gestão e Tecnologia,* **3** (3): 67-73.

Loganathan, R.; Balasubramanian, R.; Mani, K. e Gurunathan, S. (2009). Productivity and Profitability Impact of Genetically Modified Crops - An Economic Analysis of *Bt-Cotton* Cultivation in Tamil Nadu [Impacto da produtividade e da rentabilidade das culturas geneticamente modificadas - uma análise económica da cultura do *algodão Bt* em Tamil Nadu]. *Agricultural Economics Research Review,* **22**: 331-340.

Maharana, L.; Dash, P. P. e Krishnakumar, K.N. (2011). A Comparative Assessment of *BT* and *Non-BT* Cotton Cultivation on Farmers Livelihood in Andhra Pradesh (Avaliação comparativa do cultivo de algodão *BT* e não BT nos meios de subsistência dos agricultores em Andhra Pradesh). *Journal of Biosciences Research,* **2** (2): 99-111.

Mal, P.; Reddy, K. K.; Manjunatha, A. V. e Bauer, S. (2010). Economic Profitability and Adoption of *Bt-Cotton* and *non-Bt* Cotton in north India (Rentabilidade económica e adoção do *algodão Bt* e do algodão não Bt no norte da Índia). Conferência sobre Investigação Internacional em

Segurança Alimentar, Gestão de Recursos Naturais e Desenvolvimento Rural, ETH Zurique, 14-16 de setembro de 2010.

Manjunath, K; Dhananjaya Swamy, P. S.; Jamkhandi, B. R. e Nadoni, N. N. (2013). Eficiência de uso de recursos de *algodão Bt* e algodão não *Bt* no distrito de Haveri de Karnataka. *Jornal Internacional de Agricultura e Tecnologia de Ciência dos Alimentos,* **4** (3): 253-258.

Marothia, D. K. (1974). Comparative Economics of Cotton and Competing Crops in Khargone District of Madhya Pradesh. *Indian Journal of Agricultural Economics,* **29** (3): 176.

Mayee, C. D. e Choudhary, B. (2013). Adoção e vias de absorção do *algodão Bt* na Índia, Resumo Executivo. Sociedade Indiana para o Melhoramento do Algodão, Mumbai.

Mondal, D. e Sinha, S. K. (2015). Análise comparativa dos problemas enfrentados pelos produtores de algodão em Gujarat. *J. Cotton Res. Dev.,* **29** (1): 167-171.

Muhammad, Abid; Muhammad, Ashfaq; Muhammad, A. Q.; Muhammad, A. T. e Fatima, N, (2011). A Resource Use Efficiency Analysis of Small *Bt-Cotton* Farmers in Punjab, Pakistan. *Pak. J. Agri. Sci.,* **48** (1): 75-81.

Nagaraja, M. V.; Ganpathi, T. e Rajakumar, G. R. (2014). Avaliação de *Bt-Algodão* com Variedade de Algodão Híbrido Local no Distrito de Haveri de Karnataka. *Revista Internacional de Investigação Científica,* **3** (10).

Narayanamoorthy, A. e Kalamkar, S. S. (2006). Is *Bt-Cotton* Cultivation Economically Viable for Indian Farmers? An Empirical Analysis. *Economic and Political Weekly,* 30th junho, 2006.

Orphal, J. (2005). Comparative Analysis of the Economics of *Bt* and *Non-Bt* Cotton Production (Análise comparativa da economia da produção de algodão *Bt* e não Bt).

Pesticide Policy Project Publication Series, Special Issue No. 8, Institute of Economics in

Horticultura, Faculdade de Administração e Economia, Universitat Hannover, Alemanha.

Patel, V. (2015). Uma Análise Económica da Produção e Comercialização de Cebola no Médio Gujarat. *Dissertação de Mestrado (Agri.)* (Não publicada), Universidade Agrilcultural de Anand, Anand.

Pavithra, B. S. e Kunnal, L.B. (2013). Desempenho da cultura do algodão em áreas não tradicionais de Karnataka- Uma análise económica. *Karnataka J. Agric. Sci.,* **26** (2): (243-246).

Qaim, M.; Subramanian, A.; Naik, G. e Zilberman, D. (2006). Adoção do *algodão Bt* e variabilidade do impacto: Insights from India. *Revisão da Economia Agrícola,* **28** (1): 48-58.

Rajput, A. M. e Verma, A. R. (2000). Economic Analysis of Production and Marketing of Groundnut in Khargone District of Madhya Pradesh (Análise económica da produção e comercialização de amendoim no distrito de Khargone, Madhya Pradesh). *Ind. Jour. Agril. Mktg.,***14** (1): 65-72.

Ramasundaram, P.; Suresh, A.; Samuel, J. e Wankhade, S. (2014). Ganhos de bem-estar com a aplicação da biotecnologia de primeira geração na agricultura indiana: o caso do *algodão Bt*. *Agricultural Economics Research Review,* **27** (1): 73-82.

Rao, N. C. e Dev, S. M. (2009). Socio-economic Impact of Transgenic Cotton (Impacto socioeconómico do algodão transgénico). *Agricultural Economics Research Review,* **22**: 461-470.

Reddy, M. C.; Tirapamma, K. e Reddy, K. G. (2011). Impacto socioeconómico do *algodão Bt* em Andhra Pradesh, Índia: A Comparative Study. *Revista Internacional de Ciências Vegetais, Animais e Ambientais,* **1** (1): 126-130.

Shah, V. D. (2007). Returns to *Bt* -Cotton vis-a-vis Traditional Cotton Varieties in Gujarat State. Centro de Investigação Agro-Económica, Universidade Sardar Patel, Vallabh Vidyanagar, Gujarat. Estudo de investigação n.º 134.

Shehrawat, P. S.; Singh, B. e Malik, J. S. (1994). Constraints Analysis in Adoption of Cotton Production Technology (Análise dos constrangimentos na adoção da tecnologia de produção de algodão). *Maha. Jour. of Extn. Edn.,* **13**: 303-304.

Shelke, R. D. e Kalyankar, S. P. (2004). Constraints in Transfer of Technologies in Cotton Production, Trabalho apresentado no simpósio *Strategies for Sustainable Cotton Production- A Global Vision;* Univ. Agril. Sci.,Dharwad, **17** (4):15-16.

Shinde, P. S.; Bhople, R. S. e Vaidya, V. R. (1997). Adoção de Práticas Integradas de Gestão de Pragas pelos Produtores de Algodão. *Maharashtra Jour. of Extn. Edn.,* **16**: 167-174.

Sidhu, M. S. (1996). Seed Use Practices of Farmers in Punjab (Práticas de Utilização de Sementes pelos Agricultores em Punjab). *The Bihar Jour. of Agril. Mktg.,* **4** (4): 369-376.

Singh, Gulab; Singh, Gurnam; Singh, P.; Suhag, K. S.; Singh, B. e Singh, J. (2015). Uma análise econômica do *algodão Bt* no distrito de Sirsa, em Haryana. *J. Cotton Res. Dev.,* **29** (1): 163-166.

Singh, J. e Kaushik, S. K. (2007). *Bt-Cotton* in India - Present Scenario and Future Prospects (*Algodão Bt* na Índia - Cenário atual e perspectivas futuras). *Indian Farming,* **56** (11): 26-28.

Singh, N. K. e Singh, R. P. (2009). Costs, Margins and Price Spread of Rapeseed and Mustard in Sriganganager District of Rajasthan (Custos, margens e dispersão de preços da colza e da mostarda no distrito de Sriganganager do Rajastão). *Ind. Jour. Agril. Mktg.*, **23** (2): 117-124.

Srivastava, S. C.; Gupta, B. S. e Singh, H. P. (2010). Economic Analysis of Marketing of Soybean in Mandsur District of Madhya Pradesh (Análise económica da comercialização da soja no distrito de Mandsur, Madhya Pradesh). *Ind. Jour. Agril. Mktg.*, **24** (1): 110-118.

Srivastava, S. C.; Singh, R. K.; Sudeep,; Tomar, S. e Jain, S. (2015). Custos, margens e propagação de preços do algodão na zona agro-climática do vale de Nimar de Madhya Pradesh. *J. Cotton Res. Dev.*, **29** (1): 159-162.

Subramanian, A. e Qaim, M. (2010). The Impact of *Bt-Cotton* on Poor Households in Rural India [O Impacto do *Algodão Bt* nas Famílias Pobres da Índia Rural]. *Journal of Development Studies,* **46** (2): 295-311.

Sukhpal Singh e Sathwinder Singh. (2007). Economic Evaluation of Pest Management Technologies for Sustainable Cotton Production in Punjab, *Agricultural Economics Research Review,* **20**: 77-86.

Suresh, A. e Keshava Reddy, T. R. (2006). Resource Use Efficiency of Paddy Cultivation in Peechi Command Area of Thrissur District of Kerala: An Economic Analysis. *Agricultural Economics Research Review,* **19**: 159-171.

Thakor, J. B. e Patel, I. S. (2012). Uma análise económica da produção e comercialização de *algodão Bt* no distrito de Sabarkantha, no norte de Gujarat. *Dissertação de Mestrado (Agri.)* (Não publicada), Universidade Agrícola de Sardarkrushinagar Dantiwada, Sardarkrushinagar.

Visawadia, H. R.; Fadadu, A. M. e Tarpara, V.D. (2006). A Comparative Analysis of Production and Marketing of *Bt-Cotton* and Hybrid Cotton in Saurashtra Region of Gujarat State. *Agricultural Economics Research Review,* **19**: 293-300.

Yatnalli, C. S. e Huggi, B. (2011). Analysis of Profitability and its Impact on *Bt* and *non-Bt* cotton - A Case study of Haveri district (Karnataka). *Indian Journal of Applied Research,* **1** (3): 22-24.

Zelda, E. A. e Sekar, C. (2015). *Bt-Cotton*: Avaliando a perceção dos agricultores em Tamil Nadu, Índia. *Revista Internacional de Política e Pesquisa Agrícola,* **3** (5): 236-241.

Sítios Web consultados na Internet:

http://cotcorp.gov.in

http://www.cotton.org

http://www.icar.org.in

http://www.indiastat.com

https://www.google.co.in

https://www.indiaagronet.com

MIX
Papier aus verantwortungsvollen Quellen
Paper from responsible sources
FSC® C105338

Printed by Books on Demand GmbH, Norderstedt / Germany